SERVICE–ORIENTED ARCHITECTURE
Analysis and Design for Services and Microservices
Second Edition

SOA架构
服务和微服务分析及设计
（原书第2版）

［加］托马斯·埃尔（Thomas Erl）著 李东 李多 译

机械工业出版社
China Machine Press

图书在版编目（CIP）数据

SOA 架构：服务和微服务分析及设计（原书第 2 版)/(加）托马斯·埃尔（Thomas Erl）著；
李东，李多译 . —北京：机械工业出版社，2017.11
（架构师书库）
书名原文：Service-Oriented Architecture: Analysis and Design for Services and
Microservices (Second Edition)

ISBN 978-7-111-58261-8

I. S⋯ II. ① 托⋯ ② 李⋯ ③ 李⋯ III. 互联网络 - 网络服务器 - 研究 IV. TP368.5

中国版本图书馆 CIP 数据核字（2017）第 256050 号

本书版权登记号：图字 01-2017-0907

SOA 架构：服务和微服务分析及设计（原书第 2 版）

出版发行：机械工业出版社（北京市西城区百万庄大街 22 号　邮政编码：100037）

责任编辑：唐晓琳　　　　　　　　　　　　责任校对：殷　虹

印　　刷：北京文昌阁彩色印刷有限责任公司　　版　次：2018 年 1 月第 1 版第 1 次印刷

开　　本：186mm×240mm　1/16　　　　　　印　张：15

书　　号：ISBN 978-7-111-58261-8　　　　　定　价：79.00 元

凡购本书，如有缺页、倒页、脱页，由本社发行部调换

客服热线：（010）88379426　88361066　　　投稿热线：（010）88379604

购书热线：（010）68326294　88379649　68995259　　读者信箱：hzit@hzbook.com

    面向服务的架构（Service-Oriented Architecture）是企业软件的一种主流架构，它是一个组件模型，将应用程序的不同功能单元（称为服务）通过这些服务之间定义良好的接口和契约联系起来。

    作为一名 IT 从业者，翻译只是我自己的兴趣，当初接受出版社的邀请来翻译本书，原因主要有以下几个方面：第一，本书讲述的内容正好是行业热门技术所趋向，而且很重要，在没有翻译这本书前，我已经从事了这方面的工作很多年；第二，作者 Thomas Erl 颇具威望，他创作的书籍已获得 IBM、甲骨文、英特尔等很多主要 IT 机构高级成员的认可；第三，我非常愿意在 SOA 领域尽自己的绵薄之力。翻译本书自然就成为我所期望的一项工作，但毕竟没有受过完善的翻译培训，加之中英文表述之间的差异，在翻译过程中食洋不化在所难免，译文中必然存在不少问题，读者或多或少会遭遇一些阅读不适，所以，我诚恳地欢迎读者批评指正，并提出宝贵意见。

    本书作者 Thomas Erl 是加拿大知名作家，Arcitura 教育创始人，在 SOA 领域做出了巨大贡献，也是 Prentice Hall Service Technology Series from Thomas Erl 系列图书的编辑，他的书籍已成为国际畅销书，他的 100 多篇文章和访谈也已在许多出版物中出版过，包括《华尔街日报》和《CIO 杂志》。能够有机会翻译这位 SOA 技术大咖的书，我也倍感荣幸。本书内容主要分为三个部分：第一部分为基本原理，主要介绍了面向服务，对面向服务、面向服务架构和服务与微服务层次的理解；第二部分为面向服务的分析与设计，分别讲述了 Web 服务、REST 服务与微服务的分析建模和服务 API 及契约设计；第三部分为附录部分，主要包括一些原理及模式参考。书中探讨了 SOA 概念背后的核心内涵，即从本质上通过复用、松耦合、互操作等机制来提高软件质量、加快软件研发效率、使研发出来的产品能够相互集成并灵活适应变化。对关注 SOA 技术的读者，希望本书能够给你们带来帮助和启发。

    在翻译本书的过程中，中西方文化差异和书中一些晦涩的表达偶尔也让我困惑，有的专业名词是否翻译，如何进行翻译等都值得深究。通过请教一些国外的朋友，我学到了一些尚未触及的专业术语，同时也对 SOA 有了更多的理解。待全书翻译完成，我对作者的表达自然而然也产生了一些共鸣。尽管自己在这个行业从业多年，但还是有一些专业术语需要斟酌，在翻译过程中，也翻阅了不少业界资料，在此感谢与我一起翻译的同事李多对本书翻译所做的贡献，也非常感谢华章公司的编辑关敏和唐晓琳在翻译过程中表现出来的热心、耐心和敬业，同她们合作，让人非常愉快，谢谢！

李东

·· 致　谢 ··

　　本书第 2 版由不同来源的内容组成，包括反映行业发展的新内容以及来自其他系列图书的修订内容。感谢所有参与创作本书的专家，特别感谢以下贡献了新见解和新设计模式的个人：Paulo Merson 和 Roger Stoffers（按照字母顺序排序）。

·· 目　　录 ··

第二部分　面向服务的分析与设计

第三部分 附录

第1章 概　　述

写作本书第 1 版的时候，我只是单纯地围绕那时候对 SOA 的理解以及未来 SOA 的发展，将一些支离破碎的误解、歧义和实际有效知识组织了起来。目的就是建立基本的架构模型和潜在的设计范式，以及随之而来的方法论和实现其所需要的技术。

时隔十多年，还享受着这本书带来的荣誉，我自感惭愧。当有人邀请我整合第 2 版的时候，这听起来似乎是个不错的主意。然而当我静下心来开始的时候，问题变得清晰了，新版涵盖的范围必须与上一版显著不同。

自从本书第 1 版出版以来，我自创的或与他人共同创作的其他书籍达 11 本，其中 8 本是致力于 SOA 领域的。这 8 本中的每一本都更进一步地阐述了最初在本书第 1 版里涉及的主题。

这促使我认真地考虑了第 2 版中应该如何取舍这些内容。重温与技术相关的主题毫无意义，因为在其他图书中已经详尽地描述了。然而，随后出版的一些图书中提供的架构、设计和方法论的覆盖面，比本书第 1 版中描述的更新颖、更全面。得益于第 1 版之后十几年的创作和研究，编辑和再利用这些内容作为第 2 版的一部分，使得原本的目的和范围得以合理地保留下来。

本书的内容包括第一部分的 3 章，正式将微服务引入 SOA；第二部分各章主要聚焦在与 REST 服务和微服务相关联的面向服务分析和设计方面的新内容上。

特别要说明的是，下面这些书籍中的部分内容被重构、修改并融入本书第 2 版中：

❑《SOA Principles of Service Design》

❑《SOA Design Patterns》

❑《SOA with REST: Principles, Patterns & Constraints for Building Enterprise Solutions with REST》

❑《Next Generation SOA: A Concise Introduction to Service Technology & Service-Orientation》

❑《SOA Governance: Governing Shared Services On-Premise & in the Cloud》

已经更新所选内容，并且已经进一步地将有些内容扩展融合到微服务模型和微任务服务层。

我希望读者能从这些整合中发现有价值的东西。那才是原主题在第 2 版中的最佳整合体现。事实上，第 2 版看起来和第 1 版有着那么多的不同，这得益于现代面向服务架构的演化和成熟所带来的巨大进步。

1.1　本书中如何使用模式

当本书第 1 版出版时，我们还没有着手创建 SOA 的设计模式目录。自 2008 年模式目录在 www.soapatterns.org 发布以来，模式目录一直在稳步增长，伴随着模式目录的增长，在云计算（www.cloudpatterns.org ）和大数据（www.bigdatapatterns.org ）领域也出现了一些补充性模式目录。

模式也成了作者在本系列丛书中使用的语言的重要组成部分。自 SOA 模式目录发表以来，大多数出版的书籍都引用了相关的模式，有些甚至提出了新的模式。

由于本书第 1 版没有包含模式，当初也没有任何对模式的要求，因此在第 2 版中，SOA 模式的章节可以插入任何合适的地方。这部分突出了与前续内容相关的模式。附录C 包含了所有引用到的模式的概要说明。

所以，尽管模式对于彻底理解和学习本书不是必需的，依然强烈建议你无论如何也要花些功夫在模式上。如果你是设计模式的新手，请务必阅读附录 C 开始的介绍部分，或者阅读《SOA Design Patterns》一书中第 5 章的更全面的教程。

1.2　涵盖第 1 版主题的系列书籍

前面提到过，本书第 1 版的一些主题涵盖在后续的系列丛书（Prentice Hall Service Technology Series from Thomas Erl）的部分书籍中。

借着对本书第 1 版内容的熟悉，让我们来回顾一下原来的章节以便再次确认那些融入本书第 2 版中的内容，然后将其他内容与其各自所属主题领域的系列书籍相对应。

❑ 第 2 章——第 2 版中该章包含简短的案例研究背景，均来源于第 1 版和《SOA with REST:Principles, Patterns & Constraints for Building Enterprise Solutions with REST》的内容。

❑ 第 3 章——该章的主题相对于第 1 版有了显著更新，内容分别来自《SOA Principles of Service Design》的第 3 章和《SOA Design Patterns》的第 4 章。

❑ 第 4 章——该章涵盖了面向服务的历史渊源（《Principles of Service Design》的第 4 章）以及与其他架构模型的对比（《SOA Design Patterns》的第 3 章和第 4 章）。

❑ 第 5 章、第 6 章和第 7 章——《Web Services Contract Design andVersioning to SOA》中详细介绍的 SOA 的 Web 服务契约设计和版本管理。

❑ 第 8 章——《SOA Principles of Service Design》致力于记录 8 个面向服务的原则。第 2 版第 3 章会提供更详细的说明，这些来源于《SOA Principles of Service Design》。

❑ 第 9 章——《SOA Design Patterns》的第 6 章和第 7 章正式介绍了关于建立服务层次文档的一系列设计模式。第 2 版的第 5 章涵盖服务层次的内容，并且引入最新的微任务服务层次。

□ 第 10 章——《 SOA Governance: Governing Shared Services On-Premise & in the Cloud 》的第 5 章涵盖项目阶段，第 6 章定位于方法论。第 2 版第 4 章结尾总结了项目阶段和相关的组织角色。

□ 第 11 章和第 12 章——那些在第 2 版第 6 章和第 7 章中重新回顾的章节主题，通过《 SOA with REST: Principles, Patterns & Constraints for Building Enterprise Solutions with REST 》的更新分析内容得到了进一步的补充。

□ 第 13 章和第 14 章——其中的标记语言已经在《 Web Service Contract Design and Versioning for SOA 》中涵盖并详细阐述。

□ 第 15 章——这部分主题在第 2 版的第 8 章和第 9 章重新回顾，并通过《 SOA with REST: Principles, Patterns & Constraints for Building Enterprise Solutions with REST 》的更新设计内容得到了进一步的补充。

□ 第 16 章——覆盖了《 SOA with .NET: Realizing Service-Orientation with the Microsoft Platform 》和《 SOA with Java: Realizing Service-Orientation with Java Technologies 》两本书中不同章节编排相关技术的内容。

□ 第 17 章——该章的若干标准已在《 Web Service Contract Design and Versioning for SOA 》中涵盖并详细介绍。

□ 第 18 章——.NET 和 Java 平台的 SOA 支持文档已分别在对应的《 SOA with. NET: Realizing Service-Orientation with the Microsoft Platform 》和《 SOA with Java: Realizing Service-Orientation with Java Technologies 》两本书中全面提供了。

要获取更多关于上述 " Prentice Hall Service Technology Series from Thomas Erl " 书籍的信息，请访问 www.servicetechbooks.com。

1.3　本书的组织形式

本书第 1 章和第 2 章分别是概述内容和案例研究背景信息，以下是后续章节的简要概述。

第一部分　基本原理

第 3 章，详细介绍了面向服务设计范式，不仅包括其潜在设计理念和设计原理，还包括与传统竖井式设计方法的比较，最后总结了组织内成功采用面向服务的典型性关键因素。

第 4 章，深入探讨了面向服务架构的独有特征和类型，并进一步探讨了面向服务应用设计范式与技术架构应用之间的联系。最后简要介绍了常见 SOA 项目生命周期阶段和组织角色，重点关注服务目录分析、面向服务分析和面向服务设计的各个阶段。

第 5 章，讲述了新版的标准服务模型和相应的服务层。新版本将新内容纳入新的服务定义过程中，且加入了微服务模型和微任务服务层。还简要提到了与微服务实现要求相关的服务部署包和容器化的相关性。

第二部分 面向服务的分析和设计

第 6 章，使用案例研究更新并逐步涵盖 Web 服务的面向服务分析过程。微服务识别是 Web 服务分析的一部分，但微服务建模在第 7 章才会讲到。

第 7 章，基于 REST 服务的面向服务分析过程随着微服务的并入而得到修订。该章还补充了更新的案例研究。

第 8 章，Web 服务指南和服务契约设计注意事项以及扩展的案例研究。

第 9 章，将微服务添加到服务模型特定的 REST 契约设计中，提供了设计指南尤其是专门用于指导复杂方法设计的那部分，还提供了修订后的案例研究。

第 10 章，讲述了一系列 Web 服务和 REST 服务契约与 API 基本的版本控制技术及注意事项。

第三部分 附录

附录 A，提供了本书中引用的面向服务设计原则的简述表（最初来自《 SOA Principles of Service Design 》）。

附录 B，提供了本书中引用的 REST 设计约束的简述表（最初来自《 SOA with REST: Principles, Patterns & Constraints for Building Enterprise Solutions with REST 》）。

附录 C，提供了本书中引用的 SOA 设计模式的简述表（最初来自《 SOA Design Patterns 》和 www.soapatterns.org）。

附录 D，包含完整的注释版 "SOA 声明"（最初来自《 Next Generation SOA: A Concise Introduction to Service Technology & Service Orientation 》 和 www.soa-manifesto.com）。

1.4 原则、约束条件和设计模式

本书中讨论的每个设计约束、原则和模式都有相应的简述文件。简述文件是总结了关键设计要素和注意事项的简明定义。本书的一个主要且永恒的主题领域就是探索约束、原则和模式如何相互关联、相互影响。因此，建议读者在上下文中遇到不清楚的约束、原则或模式时反复参考简述文件。

约束简述表在附录 B 中，原则和模式简述表分别在附录 A 和 C 中。

1.5　附加信息

以下部分是对"Prentice Hall Service Technology Series from Thomas Erl"提供的一些补充信息和资源。

1.5.1　符号图例

本书包含一系列图表。所有图中使用的主要符号在符号图例中均有描述,可以通过网址 www.arcitura.com/notation 下载。

1.5.2　更新、勘误表及资源

可以通过网址 www.servicetechbooks.com 获取有关其他系列主题和各种支持资源的信息。我们推荐定期访问此网站以检查内容更改和更正。

1.5.3　面向服务

网站 www.serviceorientation.com 提供论文、图书摘录和专用于描述与定义面向服务范式、相关原理和面向服务技术架构模型的各种内容。

1.5.4　什么是 REST?

网站 www.whatisrest.com 包含本书的摘录和相关内容,以提供 REST 架构和约束的简明概述。

1.5.5　所引用的规格说明书

本书中的所有章节参考了各种行业规范和标准。网站 www.servicetechspecs.com 提供了直接访问原始规范文档的中心门户网站,这些文档由主要标准组织创建和维护。

1.5.6　SOASchool.com® SOA 专业认证

Arcitura 教育的 SOA 专业认证(SOACP)课程致力于面向服务架构和面向服务的专业领域,包括分析、架构、治理、安全、.NET 开发、Java 开发和质量保证。

更多详情,请访问网站 www.soaschool.com。

1.5.7　CloudSchool.com ™ 云专业认证

Arcitura 教育的云专业认证(CCP)课程致力于云计算的专业领域,包括技术、架构、治理、安全和存储。

更多详情,请访问网站 www.cloudschool.com。

1.5.8　BigDataScienceSchool.com ™ 大数据专业认证

Arcitura 教育的大数据科学专业认证（BDSCP）课程致力于大数据分析和技术的专业领域，包括分析、工程、架构和治理。

更多详情，请访问网站 www.bigdatascienceschool.com。

1.5.9　通知服务

若希望开启系统自动通知，通知有关新的图书版本、SOA 新的补充内容或以前列出的网站关键性更改，请访问 www.servicetechbooks.com 网址来下载通知表单。

第 2 章　案例研究背景知识

2.1　如何应用案例研究

案例研究是一种能够在真实世界场景中探索抽象主题的有效手段。本章简要描述的信息为第 6 章～第 9 章中与案例研究部分相关的两个独立的故事情节建立了基础。为了帮助读者更容易识别这些部分，我们在这些部分使用了特殊格式。

下面是为两个不同的组织提供的背景信息。第一个是 Transit Line Systems, Inc.（TLS），一家私营公司。另外一个是 Midwest University Association（MUA），一个公办学术机构。

2.2　案例研究背景 1：Transit Line Systems, Inc.

Transit Line Systems, Inc.（TLS）是运输行业中一家杰出的私营企业。它拥有 1800 多名员工，且在四个城市设有办事处。尽管其主要业务是提供私人交通，它还有一些次要业务领域，包括将 TLS 服务技术人员外包给公共交通部门的维护和维修分支，以及一个与航空公司和酒店合作的旅游分支。在支持 TLS 自动化解决方案的 200 名 IT 专业人员中，约 50% 是按项目聘用的外包员工。

TLS 是一个在过去十年中经历了巨大变化的企业。因收购和随后的整合过程，企业的定位和结构已经历了多次变更。其 IT 部门不得不处理不稳定的业务模式，并定期增加其支持的一套技术和自动化解决方案。TLS 的技术环境部署的均是定制开发的应用程序和第三方产品，而这些程序和产品并不兼容。

因为集成众多系统所需投入变得愈为复杂和繁重，业务自动化的成本也随之飞涨。不仅仅自动化解决方案维护成本变得异常昂贵，其复杂性和缺乏灵活性也大大降低了 IT 部门响应业务变更的能力。

由于不得不持续投资于非功能性技术环境，IT 主管决定采用 SOA 作为用于新应用程序的标准架构。选择 Web 服务作为主要技术集以联合现有的传统系统。这个决定背后的驱动力是迫切需要引入企业范围的标准化并增加组织的敏捷性。

2.3　案例研究背景 2：Midwest University Association

Midwest University Association（MUA）是美国密西西比州西部最古老的教育机构之

一。它被评为工程和研究领域十大领先大学之一，该学校有 6 个远程分校，其校本部教职工已超过 6000 名。

学校的每个项目都有独立的 IT 人员和预算以支持系统管理。远程分校也有他们自己的 IT 部门。与外部教育机构的合作由一个独立的中央企业架构小组来负责。

对于常见流程有各种自动化解决方案，如学生注册、课程编目、会计、财务，以及分级和报告。用于记录保存的主要系统是 IBM 大型机，每天晚上会与来自单个远程位置的批量馈送进行协调。不同的学校本身也会采用各种技术和平台。

在对现有基础设施进行仔细评估后，我们决定将几个 IT 系统重新设计为面向服务的架构，这将保留旧有资产，简化各种内部和外部系统之间的集成，并改善学生和员工的渠道体验。MUA 的企业架构组提出了通过使用 REST 服务分阶段采用 SOA，这些 REST 服务可以在学校和远程位置使用。

第一部分

基 本 原 理

第 3 章 理解面向服务

本章致力于描述面向服务设计模式及其原理，以及如何与其他设计方法进行比较。

3.1 面向服务简介

在我们的日常生活中，服务随处可见且就像已存在的文明历史一样源远流长。所有执行特定任务以支持他人的动作都属于提供一项服务。任意团体共同执行一项任务以支持一项更重大的任务也是交付一项服务的演绎（见图 3-1）。

图 3-1 三个个体，每个个体均能够提供特定服务

同样，执行与其目的或业务相关联任务的组织也在提供服务。只要所提供的任务或功能定义合理并且可以与其他相关联的任务相对隔离，则可以被明确地归类为服务（见图 3-2）。

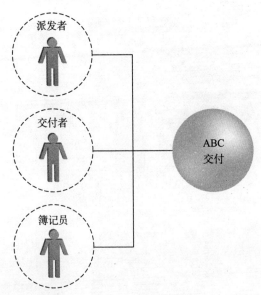

图 3-2 具备了这三种角色的人才，企业就可以将他们的能力进行组合来开展业务了

有些基线要求单个的服务提供商组成团体、共同协作以便提供更大的服务。例如，图 3-2 显示了一组员工，每个组员都为 ABC 交付提供服务。即使每个个体都提供一个特定服务，而为了企业的有效运作，其工作人员也需要具备基本的、共同的特点，如可用性、可靠性和使用相同语言沟通的能力。具备了这些因素，这些个体就能够组成一个富有成效的工作团队。建立此类贯穿业务自动化解决方案基线的需求是面向服务的关键目标。

3.1.1　业务自动化中的服务

一般来说，服务是一款软件程序，其通过发布 API（服务契约的一部分）实现其功能的可用性。图 3-3 显示了用于描述服务的符号（不提供有关其服务契约的任何详情）。

图 3-3　该符号用于代表一个抽象服务

不同的实现技术可以用于编程和构建服务。本书涵盖的两个常见的实现介质是基于 SOAP 的 Web 服务（或仅 Web 服务）和 RESTful 服务（或仅 REST 服务）。图 3-4 显示了本书中用于表示服务契约的标准符号。

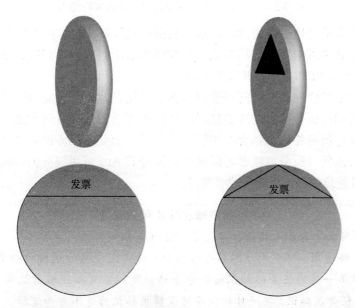

图 3-4　用于显示发票服务契约的单弦圆圈符号（左），以及专用于 REST 服务契约（右）的
　　　　此符号的变体

注意

Web 服务契约通常由 WSDL 定义和一个或多个 XML Schema 定义组成。作为 REST 服务实现的服务通过统一契约访问，例如由 HTTP 和 Web 媒介类型提供的协议。第 8 章和第 9 章讲述了有关 Web 服务和 REST 服务契约的相关示例。

服务契约可以进一步由人类可读文档组合而成，例如描述附加服务质量保证、行为和限制的服务水平协议（SLA）。一些 SLA 相关的需求也可以用机读格式表示。

3.1.2　服务是能力的集合

在讨论服务时，重要的是要记住单个服务可以提供一个提供能力集合的 API。它们因为该服务的上下文功能关系而被组合在一起。例如，图 3-5 中所示服务的上下文功能是"货运"。该特定服务提供与货运处理相关联的能力集。

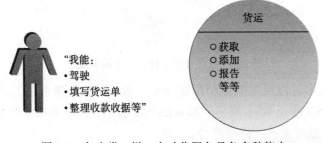

图 3-5　与人类一样，自动化服务具备多种能力

因此，服务本质上是相关能力的容器。它由一组旨在执行这些功能的逻辑体和表明其功能可用于公共调用的服务契约组成。当介绍本书中的服务功能时，我们会特别关注被定义为服务契约 API 部分的那些服务功能。

服务消费者是当软件程序访问和调用服务时的运行时角色，或者更具体地说，当它向服务契约中表示的服务能力发送消息时由软件程序采用的运行时角色。在接收到请求时，服务开始执行调用能力所包含的逻辑，执行后可能会向服务消费者返回相应的响应消息也可能不会返回。服务消费者可以是能够通过其 API 调用服务的任何软件程序。一个服务本身也可能扮演另一个服务的消费者。

不可知逻辑和非不可知逻辑

术语"不可知"源于希腊语，意思是"没有认知"。

因此，足够通用、不针对（不具备该知识）特定父任务的逻辑被归类为不可知逻辑。因为针对单一目的任务的知识被故意省略，所以不可知逻辑被认为是多用途的。相反，针对（包含该知识）单一目的任务的逻辑被标记为非不可知逻辑。

另一种概念化不可知和非不可知逻辑的方法侧重点在逻辑可以重用的程度。由于

不可知逻辑具备多种用途，我们期望它在不同的上下文中可以重用，以便作为单个软件程序（或服务）的逻辑可以有助于自动处理多个业务过程。非不可知逻辑不受这些预期类型的约束。它被专门设计为单一用途软件程序（或服务），因此具有不同的特性和需求。非不可知逻辑仍然可以重用，但只在其父业务流程的作用域内，该作用域保持了针对更大的、单一目的任务的上下文。

3.1.3　面向服务是一种设计范式

设计范式是设计解决方案逻辑的一种方法。在构建分布式解决方案逻辑时，设计方法通过一种称为"关注点分离"的软件工程理论而实现。简而言之，这个理论说明，将更大的问题分解成一组较小的问题或关注点时，这个问题就能得到更有效地解决。这让我们产生了将解决方案逻辑划分为多个功能的想法，每个功能都旨在解决单一的关注点。相关功能可以分组为解决方案逻辑单元。

分布式解决方案逻辑存在不同的设计范式。面向服务体现在：面向服务执行关注点分离的方式以及它如何塑造具有特定特性和支持特定目标状态解决方案逻辑的单个单元。

从根本上说，面向服务将合适的解决方案逻辑单元整合为企业资源，其可以被设计为解决即时问题，同时对更大的问题保持不可知。这就为我们提供了不断的机会来重新利用那些单元内的功能并解决其他问题。

将面向服务应用到有一定意义的程度，即能够产出可以安全归类为"面向服务"的解决方案逻辑和能够作为"服务"的单元。（第 5 章详细探讨了如何以面向服务分离关注点。）

服务，作为面向服务解决方案的一部分，以具有明显设计特征的独立物理软件程序而存在。每个服务均分配了代表自己典型功能的上下文，并且由与该上下文相关的一组能力组成。服务组合是服务的协同聚合。如 3.3 节中所述，服务组合（见图 3-6）与传统应用程序相比，其功能范围通常与父业务流程的自动化相关联。

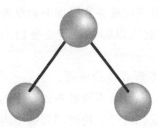

图 3-6　此符号由三个连接的球体组成，表示服务组合。其他更详细的展示是通过使用单弦圆圈符号来说明实际正在组成的服务功能

服务目录是描述企业内或企业内有意义部分边界中，相互依赖的服务的独立标准化和管理化的集合。图 3-7 创建了本书中用于表示服务目录的标准符号。

图3-7 服务目录符号由容器内的球体组成

IT 企业可以包含或甚至可以由单个服务目录组成。或者，企业环境也可以包含多个服务目录。当组织有多个服务目录时，此术语进一步定位为**域服务目录**。

在面向服务应用中，服务目录对于建立本地服务间的高度互操作性是至关重要的。这支撑着有效服务组合的重复创建（见图 3-8）。

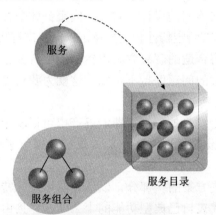

图3-8 服务（上）被发布到服务目录（右），而服务组合（下）中的服务则来源于服务目录

以下是对迄今为止阐述的面向服务元素的简要回顾：

❏ 面向服务的解决方案逻辑通过服务和根据面向服务设计的服务组合来实现。

❏ 服务组合由一系列组装起来以提供特定业务自动化任务或流程所需功能的**服务**组成。

❏ 因为面向服务将许多服务形成企业资源，所以一个**服务**也许会被多个消费者程序调用，每个消费者程序可以涉及不同服务组合中的相同服务。

❏ 标准化服务集合能够形成在自己的物理部署环境内独立管理的**服务目录**的基础。

❏ 通过从服务目录中的现有不可知服务池中创建服务组合可以使多个业务流程实现自动化。

正如在第 4 章中将探讨的，面向服务架构是一种为支持服务、服务组合和服务目录而进行了优化的技术架构形式。

3.1.4　面向服务的设计原则

前面几节在非常高的层次上描述了面向服务范式。但这个范式如何应用呢？它主要应用于服务级别（见图 3-9），通过使用以下 8 个设计原则：

❑ **标准化服务契约**——同一服务目录中的服务符合相同的契约设计标准。

服务通过服务契约表达其目的和能力。这可能是最基本的原则，因为它基本上规定了以标准化方式分割和发布面向服务解决方案逻辑的需要。它还特别强调服务契约设计，以确保服务表现功能方式和定义数据类型方式保持相对一致。

❑ **服务松耦合**——服务契约降低消费者耦合需求，并且它们自身与它所在的周围环境解耦。

耦合指的是两个事物之间依赖性的度量。这个原则在服务边界内部和外部建立特定的关系类型，并且持续强调削弱（"松散化"）服务契约、实现服务契约和服务消费者之间的依赖性。服务松耦合促进服务逻辑的独立设计和演进，同时保证基本的互操作性。

❑ **服务抽象**——服务契约只包含基本信息，以及那些仅限于服务契约中发布的信息。

抽象涉及面向服务的许多方面。从根本上讲，这一原则强调需要尽可能多地隐藏服务的内部细节。这样做直接实现了前述的松耦合关系。服务抽象在服务组合的定位和设计中也起着重要作用。

❑ **服务可重用性**——服务包含并显示不可知的逻辑，可以定位为可重用的企业资源。

每当构建一个服务时，我们会寻找方法使其潜在能力得到最佳发挥而非仅仅针对一个目的。面向服务极大地强调了重用，因此它成为设计过程的核心部分，并且也是关键服务模型的基础（参见第 5 章）。

❑ **服务自治**——服务对其内部的运行时执行环境进行高度的把控。

为了使服务能够持续可靠地发挥其功能，其内部的解决方案逻辑需要对其环境和资源进行最大程度的把控。服务自治能够支持在现实生产环境中有效地实现其他设计原则。

❑ **服务无状态**——服务通过必要时推迟状态信息的管理来最小化资源消耗。

过度的状态信息管理可能会损害服务的可用性以及其行为的可预测性。因此，服务被理想化地设计为仅在需要时维持状态。与服务自治一样，这是另一个更少关注契约、更多地关注内部逻辑的设计的原则。

❑ **服务可发现性**——服务补充了交互元数据，通过它们可以有效地发现和诠释服务。

对于定位为具有可重复投资回报率（ROI）的 IT 资产的服务，当需要重用时，我们需要很容易地识别和理解这些服务。因此，服务设计需要考虑服务契约和能力的"通信质量"，而不管诸如服务注册表的发现机制是否是环境的直接部分。

❑ **服务可组合性**——服务是有效的组合参与者，无须考虑组合物的大小和复杂性。

随着面向服务解决方案复杂性的增加，潜在服务组合配置的复杂性也随之增长。有效组合服务的能力是实现面向服务计算的一些基本目标的关键要求。复杂的服务组合对服务设计提出了要求。服务有望作为有效的组合成员参与，无论它们是否需要立即加入组合。

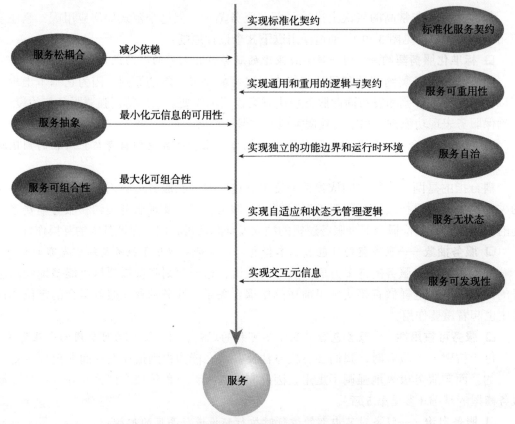

图 3-9 面向服务设计原则如何共同塑造服务设计

SOA 模式

面向服务原则与 SOA 模式密切相关。请注意附录 C 中每个模式配置文件表如何包含专用于显示相关设计原则的字段。

3.2 面向服务所解决的问题

为了更好地理解为什么出现面向服务以及如何改进自动化系统的设计，我们需要比较前后的观点。通过研究历史上困扰 IT 的一些常见问题，我们可以开始理解这种设计范式提出的解决方案。

3.2.1 竖井式应用架构

在业务领域，交付能够自动执行业务任务的解决方案非常有意义。在 IT 历史进程中，大多数创建这样的解决方案的常用方法如下：通过识别要自动化的业务任务，定义其业务需求，然后构建相应的解决方案逻辑（见图 3-10）。

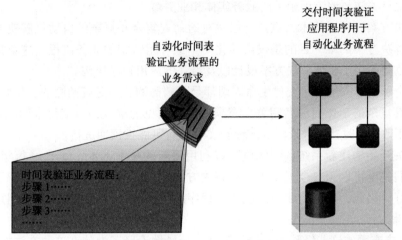

图 3-10　为每组新的自动化需求创建一个应用程序的比率是颇为常见的

此方法已被接受并被证明可以通过技术使用实现切实的商业利益，并且已经成功地提供了相对可预测的投资回报（见图 3-11）。

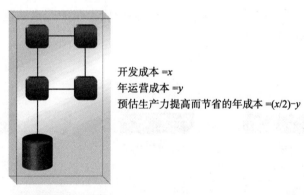

开发成本 $=x$
年运营成本 $=y$
预估生产力提高而节省的年成本 $=(x/2)-y$

时间表验证应用程序

图 3-11　计算 ROI 的示例公式是基于可预测回报的预定投资而得出的

从这些应用程序进一步获取任何价值的能力往往会被抑制，因为它们的能力与特定的业务需求和流程（其中一些需求和流程的生命周期是有限的）相关。当新需求和流程符合业务方式的时候，我们就要对已有的应用程序做重大变化或完全建立一个新的应用程序。

在后一种情况下，尽管重复构建"一次性应用程序"不是完美的方法，但已证明此方法是自动化业务的合法手段。首先让我们从正面来探讨一些经验教训。

❑ 解决方案可以有效地构建，因为它们只需要关注与有限业务流程相关的那组小范围需求的实现。

☐ 涉及定义自动化流程的业务分析工作并不困难。分析人员一次只关注一个流程，因此只关注与该流程相关的业务实体和业务域。

☐ 解决方案设计以战术为重点。虽然有时需要复合和复杂的自动化解决方案，但每个解决方案的唯一目的是仅自动化一个或一组特定的业务流程。这个预定义的功能范围简化了整体解决方案设计以及潜在的应用程序架构。

☐ 每个解决方案的项目交付生命周期都是可精简的、相对可预测的。尽管 IT 项目因为其复杂的工作而臭名昭著，充满着无法预见的挑战，当交付范围明确定义（并且不改变）时，交付阶段的流程和实现很有可能按预期进行。

☐ 从头开始构建新系统，组织就可以利用最新的技术进步。IT 市场每年都在发展，我们完全可以预料今天用于构建解决方案逻辑的技术，在明天会变得不同、变得更好。因此，反复构建一次性应用程序的组织可以在每个新项目中利用最新技术创新。

传统解决方案的这些经验和其他常见特征巧妙地诠释了为什么这种方法如此受欢迎。尽管该方案已得到认可，但显然仍有很大的改进空间。

3.2.2 大量的浪费

在给定企业中创建新的解决方案逻辑通常会造成大量的冗余功能（见图 3-12）。因此，构造该逻辑所需的努力和费用也是冗余的。

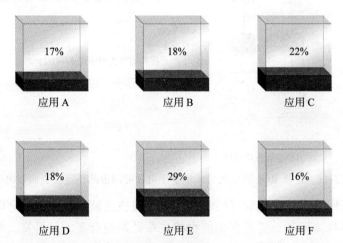

图 3-12 独立开发不同应用可能产生大量的冗余功能。展示的应用程序交付了各种级别的解决方案逻辑，且这些解决方案逻辑在某种形式上已经存在

3.2.3 缺乏效率

由于战术重点是为特定流程需求交付解决方案，所以开发项目的范围具有高度针对

性。因此，人们始终认为业务需求应尽早实现。然而，如果能避免创建冗余逻辑，那么不断地构建和重建其他地方已经存在的逻辑就是低效的（见图 3-13）。

所需的冗余逻辑数量 =17%

成本 =x

非冗余应用程序逻辑成本 =83% x

应用 A

图 3-13　特定于业务需求集的应用程序 A 已交付。由于这些业务需求的一部分在其他地方已得到实现，因此应用程序 A 的交付范围比原本要求的大

3.2.4　企业膨胀

每个新的或扩展应用程序都能添加到大部分 IT 环境系统目录中（见图 3-14）。不断扩大的托管、维护和管理需求可能使 IT 部门在预算、资源和规模方面面临一定程度的膨胀问题，从而会使 IT 成为整个组织的一大消耗。

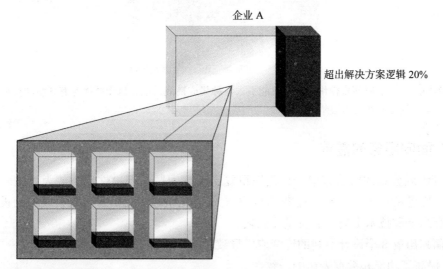

企业 A

超出解决方案逻辑 20%

图 3-14　此图简单描绘了包含冗余功能应用程序的企业环境。其实际结果是一个更大的企业

3.2.5　产生复杂的基础设施和错综复杂的企业架构

企业不得不利用各代技术构建的许多应用，并且甚至可能不同的技术平台常常强加独特的架构要求。这些"孤立"应用程序之间的差异可能导致反联合环境（见图 3-15），为应对这种演变，企业发展规划和基础设施扩展变得愈加具有挑战性。

图 3-15 同一企业内的不同应用环境可能引入不兼容的运行时平台，如阴影区所示

3.2.6 系统间集成成为永恒的挑战

仅考虑特定业务流程自动化而构建的应用程序通常不按照互操作性需求来设计。这些类型的应用程序在稍后共享数据时会导致许多点对点的野蛮而复杂的拼接或引入巨大的中间件层构建的集成架构（见图 3-16）。

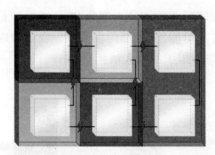

图 3-16 一个供应商多样化的企业可能引入各种集成挑战，如在试图桥接专有环境时突出关注点用小闪电表示

3.2.7 面向服务的需求

随着传统分布式解决方案一代代地重复，前述问题的严重性已被放大。这就是我们构思面向服务的原因。它确实代表了 IT 历史的进化状态，它结合了过去成功的设计元素与利用概念上和技术上创新的新设计元素。

前面列出的 8 个设计原则的连续应用导致了相应设计特性的广泛扩散：

- ❑ 提高了功能和数据表达的一致性。
- ❑ 降低了解决方案逻辑单元之间的依赖性。
- ❑ 降低了对底层解决方案逻辑设计和实现细节的关注。
- ❑ 增加了在多种目标中使用一个解决方案逻辑模块的机会。
- ❑ 增加了将解决方案逻辑单元组合成不同配置的机会。
- ❑ 提升了行为可预测性。
- ❑ 提高了可用性和可扩展性。

❏ 提高了对可用解决方案逻辑的认知。

当这些特征作为实现服务的真实部分存在时，它们建立了共同的协同效应。因此，企业情况也会随着以下不同品质的不断提升而改变。

3.2.8　增加大量可复用解决方案逻辑

在面向服务的解决方案中，逻辑（服务）单元封装了不属于任何应用或业务流程特有的功能（见图 3-17）。因此，这些服务被归类为可重用（和不可知的）IT 资产。

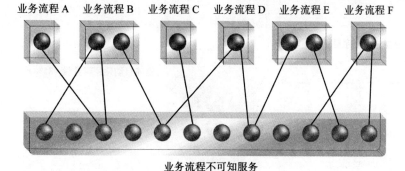

图 3-17　业务流程由一系列业务流程特定的服务（顶层）自动化完成，这些服务共享一个业务流程无关的服务池（底层）。这些层对应第 5 章中描述的服务模型

3.2.9　削减应用个性化业务逻辑

增加不针对任何一个应用程序或业务流程的解决方案逻辑数量，减少所需的针对应用程序（或"非不可知"）逻辑的数量（见图 3-18）。减少独立应用程序的总数量模糊了独立应用程序环境之间的界限（详见 3.3.1 节）。

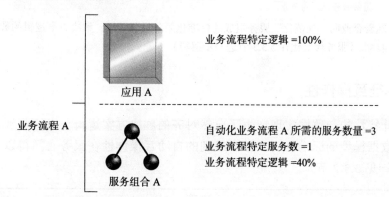

图 3-18　业务流程 A 既可以通过应用程序 A 也可以通过服务组合 A 来自动化完成。交付应用程序 A 会导致所有的解决方案逻辑体都是针对业务流程定制的。服务组合 A 将设计为通过可重用服务和 40% 额外的业务流程特定逻辑组合来自动化该过程

3.2.10 削减业务逻辑的总量

解决方案逻辑的总量会被缩减，因为自动化实现多个业务流程时相同的解决方案逻辑会被共享和重用，如图 3-19 所示。

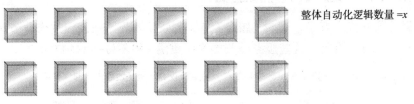

整体自动化逻辑数量 =x

具备独立应用程序目录的企业

整体自动化逻辑数量 =85% x

具备独立应用程序和服务混合目录的企业

整体自动化逻辑数量 =65% x

具备服务目录的企业

图 3-19 随着企业向"规范化"服务组成的标准化服务目录转移，解决方案逻辑的数量逐渐收缩。（服务规范化在 5.3.3 节进一步解释）

3.2.11 本征互操作性

通用设计特性的一致性实现产生了自然对齐的解决方案逻辑。当这些延续到服务契约及其底层数据模型的标准化时，基本级别的自动互操作性在服务之间得以实现，如图 3-20 所示（详见 3.3.2 节）。

注意

要了解面向服务引入的常见技术挑战，请参阅《SOA Principles of Service Design》中第 4 章的内容。

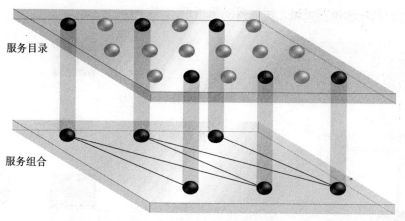

图 3-20 来自服务目录的不同部分的服务可以组合成新的服务组合。如果这些服务设计为本
征可互操作的，那么将它们组装成新的组合配置就会容易很多

3.3 面向服务对企业的影响

对面向服务模式寄予很高期望是理所当然的。但同时，在成功应用之前，还有很多
东西需要学习和理解。下面探讨一些更常见的示例。

3.3.1 面向服务和"应用"的概念

刚刚说过重用不是绝对的要求，重要的是要承认这样一个事实，即面向服务强调重
用，而且是前所未有的重视。通过建立具有高百分比的可重用和不可知服务的服务目录，
我们现在将这些服务定位为主要（或唯一）方式，通过这种方式它们所代表的解决方案逻
辑可以并且应该被访问。

因此，我们非常从容地远离了应用程序以前存在的竖井。因为我们希望尽可能共享
可重用逻辑，所以我们通过服务组合自动化实现现有的、新的和增强的业务流程。这样
会使越来越多的业务需求并非通过构建或扩展应用程序，而是通过简单地将现有服务组
合到新的组合配置中而得到满足。

当组合服务愈加普遍时，应用程序、系统或解决方案的传统概念实际上会随着容纳
它们的竖井逐渐消失。应用程序不再由负责自动化实现特定任务集的程序逻辑自包含体
组成（见图 3-21）。应用程序现在只是另一种服务组合，其中一些可能参与其他组合（见
图 3-22）。

因此，应用程序失去其独立性。可以认为面向服务的应用程序实际上不存在，因为
它实际上只是许多服务组合中的一个。然而，仔细思考，我们可以看到一些服务（基于第
5 章中建立的服务模型）实际上不是不可知的业务流程。例如，一个服务是代表专用于一

个业务任务自动化实现的逻辑，因此没必要重用。

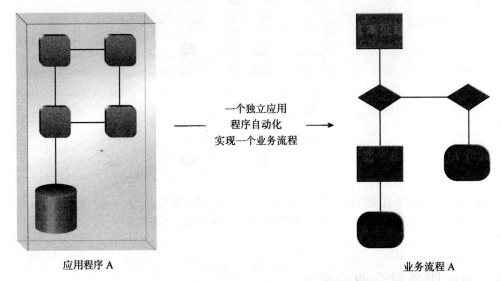

图 3-21 传统应用程序，用于自动化实现特定的业务流程逻辑

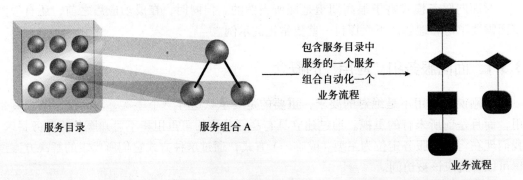

图 3-22 服务组合，倾向于利用服务目录中的不可知和非不可知服务来扮演传统应用的角色。这在本质上是建立了一个"复合应用程序"

因此，单用途服务仍然可以与应用程序的概念相关联。然而，在面向服务计算中，该术语的含义可以改变以反映一个事实，即潜在的大部分应用逻辑不再属于应用程序。

3.3.2 面向服务和"集成"的概念

让我们重新回顾一下服务目录的概念，服务目录由面向服务原则的服务和已被塑造成标准化及（大部分）可重用的解决方案的逻辑单元组成，我们可以看到，这将挑战传统的"集成"观念。

在过去，集成意味着将两个或更多个兼容或不兼容的应用程序连接起来（见图 3-23）。也许它们是基于不同的技术平台，或者它们对外连接的设计都没有做以致无法连接内部边界之外的任何东西。随着组合不同软件、建立可靠数据交换水平需求的增长，集成将成为 IT 工业重要、备受瞩目的一部分。

服务被设计为"本征可互操作"并构建成完全认知的，因为它们将要与潜在的大范围服务消费者交互，其中大多数在其最初交付时是未知的。如果企业解决方案逻辑的重要部分由本征可互操作的服务目录表达，那么我们就能够自由地将这些服务混合并匹配到无限组合配置中，以满足任何自动化需求。

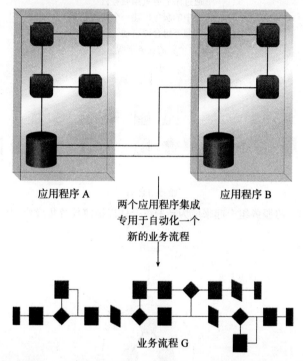

图 3-23　传统的集成架构，包括两个或多个以不同方式连接的应用程序，以满足新的自动化需求（如新业务流程 G 所规定的）

结果，集成概念开始消逝。在解决方案不同的逻辑单元之间交换数据成为自然的次级设计特性（见图 3-24）。同样，虽然这只有当一个组织解决方案逻辑的相当大百分比由一个服务目录来表达时才会产生。努力实现这种环境，针对现有遗留系统之间的传统集成以及遗留系统和这些服务之间的传统集成可能有很多要求。

3.3.3　服务组合

应用程序、集成应用程序、解决方案、系统——所有这些术语和它们传统上表示的内容都可以直接与服务组合相关联（见图 3-25）。随着 SOA 化举措在企业内继续发展，有必要明确区分传统应用程序（可能存在于 SOA 实现中或可能实际上由服务封装）以及最终会变得更普遍的服务组合。

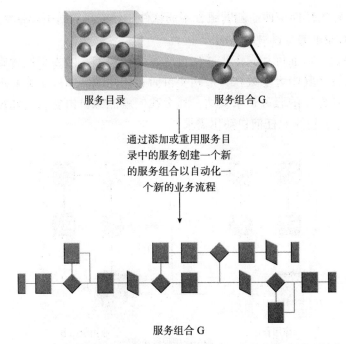

图 3-24　将服务组合起来成为新的组合体以扮演传统集成应用的角色

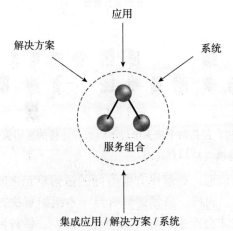

图 3-25　面向服务的解决方案、应用程序或系统相当于一个服务组合

3.4　面向服务计算的目的和优势

在将面向服务持续应用于软件程序设计时，一系列战略目标和优势（见图 3-26）共同代表了我们所期望实现的目标状态。理解这些目标和优势是非常有益的，因为它们可

以为我们提供连续不断的总体背景和理由，以维持我们长期实现面向服务的投入。

下面将描述这些战略目标和优势。

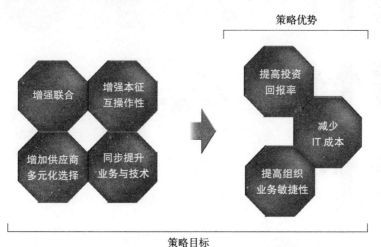

图 3-26　七大确认目标相互关联并且可以进一步划分为两组：策略目标和效果优势。提高组
织业务敏捷性、提高投资回报率和减少 IT 成本是实现剩余四个目标的具体优势

3.4.1　增强本征互操作性

互操作性指的是数据的共享。软件程序的互操作性越高，它们之间的信息交换越容易。不具备互操作性的软件程序需要集成。因此，集成可以看作实现互操作性的过程。面向服务的目标是在服务中建立天然的互操作性，以减少集成需求（见图 3-27）。如 3.3 节中所述，集成作为一个概念在面向服务的环境中开始消逝。

互操作性是靠一致的应用设计原则和设计标准特别培育的。这样就建立了一种环境，其中将不同项目在不同时间产生的服务重复地组装在一起成为各种组合配置以帮助自动化实现一系列业务任务。

本征互操作性代表了面向服务的基本目标，为实现其他战略目标和优势奠定了基础。契约标准化、可扩展性、行为可预测性和可靠性只是促进互操作性所需的一些设计特性，所有这些都可以通过本书中记录的面向服务原则来诠释。

8 个面向服务原则，每个均以某种方式支持或有助于互操作性。以下是几个示例：

❑ **标准化服务契约**——标准化服务契约，以保证相关互操作性的基线测量与数据模型协调。

❑ **服务松耦合**——降低服务耦合程度并通过降低各个服务与其他服务的依赖性而促进互操作性，因此对不同服务消费者的调用更加开放。

❑ **服务抽象**——关于服务的抽象细节限制了对服务契约的所有互操作，底层服务逻辑的独立发展增加了互操作性的长期一致性。

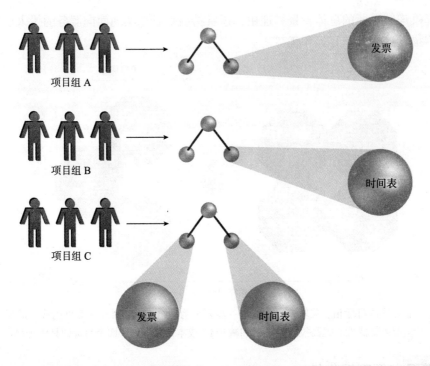

图 3-27 服务被设计为本质上可互操作的，而不管何时、为何目的被交付。在这个示例中，
项目团队 A 和 B 提供的发票和时间表服务的本征互操作性导致它们可以被项目团
队 C 组合成一个新的服务组合

❑ **服务可重用性**——设计服务重用意味着服务和许多潜在的服务消费者之间需要高
层次的互操作性。

❑ **服务自治**——提高服务的个体自治性，其行为变得更加一致可预测，增加其重用
潜力，从而实现可达到的互操作性水平。

❑ **服务无状态**——通过强调无状态设计，服务的可用性和可扩展性增加，它们可以
更频繁、更可靠地进行互操作。

❑ **服务可发现性**——可发现性只是允许服务更容易地定位哪些服务与该服务存在潜
在的互操作性。

❑ **服务可组合性**——最后，为了服务的有效组合，它们必须是可互操作的。可组合
成功率直接与服务标准化和跨服务数据交换优化的程度紧密相关。

应用面向服务的基本目标是使互操作性成为自然的副产品，理想状态是将本征互操
作性水平确立为常见和预期的服务设计特性。

3.4.2 增强联合

联合 IT 环境是资源和应用程序联合在一起，同时保持其各自的自主性和自治性。面

向服务的目标是在所有适用程度上增加企业的联合视角。通过广泛部署标准化和可组合服务来实现这一点，其中每个服务都封装了企业的一部分并以一致的方式来表达。

为了增强联合，标准化成为每个服务在设计时额外关注的一部分。最终会造成这样一个环境，即企业范围的解决方案逻辑自然协调，而不用关注其底层实现（见图 3-28）。

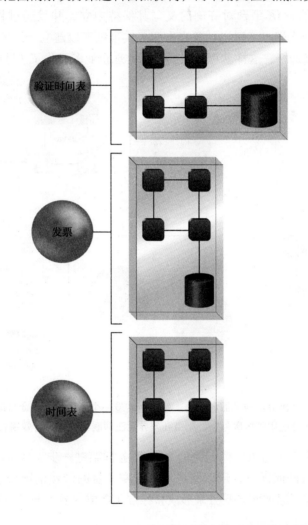

图 3-28　三个服务契约建立了一组联合端点，每个端点封装着一个不同的实现

3.4.3　增加供应商多元化选择

供应商多元化是一种能力，指组织必须选择"最佳品种"的供应商产品和技术创新，并在企业内部使其协同工作的能力。供应商多元化环境对组织并不一定有利。然而，有需要时多元化选择却是有益的。要拥有并保留此优势就需要其技术架构不局限于任何一

个特定的供应商平台。

这代表了企业的重要状态，因为它为组织提供了持续自由来改变、扩展甚至替换解决方案实现以及技术资源，而不会中断整个联合服务架构。这种程度的自治自主性是极具吸引力的，因为它延长了自动化解决方案的寿命并增加了财务回报。

与主要供应商的 SOA 平台对齐同时又与其保持中立，并且通过将服务契约定位为贯穿联盟企业的标准化端点，可以抽象专有服务实现细节以建立一致的服务间通信框架。这为组织提供了连续选择，这样就可以根据需要实现企业多元化了（见图 3-29）。

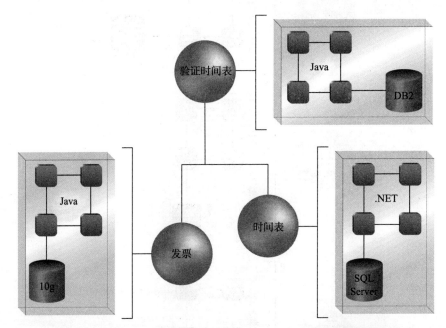

图 3-29 一个由三个服务组成的服务组合，每个封装着一个不同的供应商自动化环境。若面向服务充分应用到该服务中，则潜在差异无法抑制其组合为有效组合的能力

通过利用基于标准、与供应商无关的 Web 服务框架进一步支持供应商多元化。因为它们对专有通信没有任何需求，所以服务对供应商平台的依赖也降低了。与其他任何实现介质一样，服务需要通过面向服务来形成和标准化以成为更大服务目录的部分联合。

3.4.4 同步提升业务与技术领域

IT 业务需求实现的完满程度常常与业务逻辑表达和解决方案逻辑自动化的精确度相关联。尽管传统上初始应用程序实现是为满足初始需求而设计的，但是随着业务性质和方向的变化，保持应用程序与业务需求一致仍是一个历史性挑战。

面向服务在多个层次上促进了抽象化。应用功能抽象最有效的手段之一是建立准确封装和代表业务模型的服务层。这样做的话，一般预先存在的业务逻辑（业务实体、业务流程）可以作为已实现的形式存在于物理服务中。

这是通过结合结构化分析和建模过程来实现的，并且需要业务主题专家实际参与服务的实际定义（如 4.4.5 节所述）。由此产生的服务设计能够使自动化技术与商务智能达到前所未有的一致（见图 3-30）。

此外，将服务设计为本征可互操作直接有助于业务变化。业务流程为响应各种因素（业务气候、新策略、新优先级等）而增加，服务也被重新配置重新组合，以反映业务逻辑变化。这就促使了面向服务的技术架构与业务本身一起演进。

3.4.5　提高投资回报率

衡量自动化解决方案投资回报率（ROI）是决定应用程序或系统实际成本效益的关键因素。回报越大，组织从解决方案中获益越多。然而，回报率越低，自动化解决方案成本吞噬的企业预算和盈利就越多。

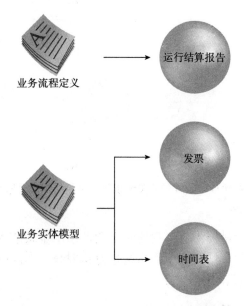

图 3-30　以业务为中心的功能上下文服务经仔细建模以表达和封装相应的业务模型与逻辑

由于所需应用程序逻辑的性质复杂性提升，且由于不断增长的非联合集成架构难以维护和发展，一般的 IT 部门代表了组织运营预算的绝大部分。对于许多组织来说，IT 所需的财务开销是主要关注的问题，因为经常会出现财务开销持续增长却无相应业务价值增长的现象。

面向服务倡导不可知解决方案逻辑的创建，它对任何一个目的都是不可知的，因此对于多种目的是有用的。这种多用途或可重用逻辑充分利用了服务本征可互操作的性质。不可知服务具备更高的可重用潜力，通过重复组装不可知服务，组装成不同的组合来实现。因此，任何一个不可知服务都能够发现自己在自动化不同的业务流程中被多次重用，作为不同面向服务解决方案的一部分。

考虑到这一优势，组织往往会为每个解决方案逻辑投入额外的前期费用和工作量，将其定位为 IT 资产，以实现可重复的长期财务回报。如图 3-31 所示，强调增加的投资回报率通常会超过传统上作为过去重用计划的那部分回报。这与以下事实有很大关系：面向服务旨在将重用作为大多数服务的普遍和第二特征。

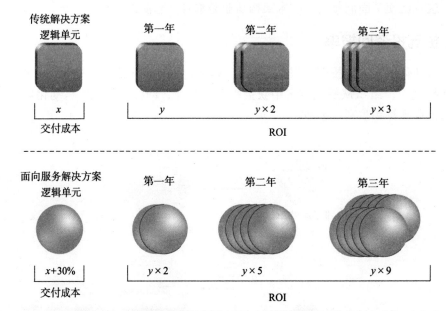

图 3-31 用于计算 SOA 项目的 ROI 公式类型示例。更多投资在初始交付，目的是从随后增加的重用中获益

重要的是要承认这个目标不仅仅与传统上软件重用带来的优势有关。久经考验的商业产品设计技术被整合并与现有企业应用交付方法混合，形成一组独特的面向服务分析和设计过程的基础（如第二部分所述）。

3.4.6 提高组织的业务敏捷性

在组织层面，敏捷性指的是组织能够对变化做出反应的效率。提高组织敏捷性对企业尤其是私营机构非常具有吸引力。能够更快地适应行业变化并超越竞争对手具有巨大的战略意义。

IT 部门有时可能被认为是瓶颈，需要太多的时间或资源来满足新的或不断变化的业务需求，这就阻碍了期望的响应性。这是敏捷开发方法越来越受欢迎的原因之一，因为它们提供了一种更快速地解决即时、战略性关注的方法。

面向服务就像是为建立广泛组织的敏捷性而量身定做的。当在整个企业中应用面向服务时，可以促使高度标准化和可重用服务的创建，并且服务对父业务流程和特定应用环境不可知。

由于服务目录由越来越多的不可知服务组成，其整体解决方案逻辑增加的百分比不属于任何一个应用程序环境。相反，因为这些服务被定位为可重用 IT 资产，所以它们可以被重复地组成不同的配置。因此，自动化新的或变更的业务流程所需的时间和精力相应降低，因为现在完成开发项目花费的自定义开发工作量显著变少（见图 3-32）。

在项目交付中这种根本性转变的最终结果是提高响应速度和缩短上市时间，这些都转化为提高组织敏捷性。

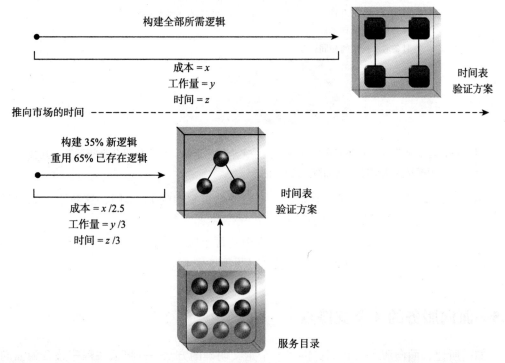

图 3-32　交付时间表是基于需要构建的"纯新"解决方案逻辑百分比来规划的。尽管在本示例中只需要 35% 的新逻辑，但时间减少了大约 50%，因为仍然需要大量的工作来合并目录中现有的可重用服务

注意

　　组织敏捷性表示组织在提供服务和填充服务目录时努力工作的目标状态。待大量服务到位，组织就会受益于提升的响应能力。与使用传统项目交付方法构建相应数量的解决方案逻辑相比，建模和设计这些服务所需的流程需要更多的前期成本和投入。

　　因此，重要的是要认识到面向服务的战略重点是建立一个高度灵活的企业。这与具备多个战术焦点的敏捷开发方法截然不同。

3.4.7 减少 IT 成本

始终如一地应用面向服务能够给 IT 企业带来诸多好处，例如，减少浪费和冗余，缩小规模和运营成本（见图 3-33），以及减少与其治理和演进相关的开销。这样企业可以通过大幅提高效率和成本效益来惠及组织。

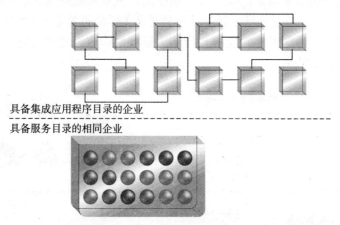

具备集成应用程序目录的企业

具备服务目录的相同企业

图 3-33　若要经营一个典型的自动化企业，并完全使用定制、规范化服务重新开发，其整体规模将大幅缩减，从而减少运营范围

实质上，实现前述目标可以创建一个更精简、更敏捷的 IT 部门，这对于组织来说算不上是负担，而更像其战略目标的贡献者。

总而言之，将面向服务设计原则一致应用到每个服务中并最终构成更大的服务目录，是实现面向服务计算目标和优势的核心要求（见图 3-34）。

3.5　面向服务的 4 个支撑点

如前所述，面向服务为我们提供了一个定义明确的方法——将软件程序整合为面向服务的逻辑单元，我们可以合理地将其称为服务。我们交付的每个这样的服务让我们能够更进一步地实现上述战略目标和利益所代表的期望目标状态。

有许多经验证的实践、模式、原则和技术支持面向服务。然而，由于面向服务要建立的目标状态具有明显的战略性质，因此有一系列基本关键因素充当着面向服务能否得到成功应用的共同先决条件。这些关键成功因素称为**支撑点**，因为它们共同建立了一个健全和健康的基础，用于构建、部署和管理服务。

面向服务的 4 个支撑点是

❑ **团队合作**——跨项目团队和合作是需要的。

❑ **教育**——团队成员必须基于常识和理解进行交流与合作。

❑ **纪律**——团队成员必须一致地应用他们的常识。

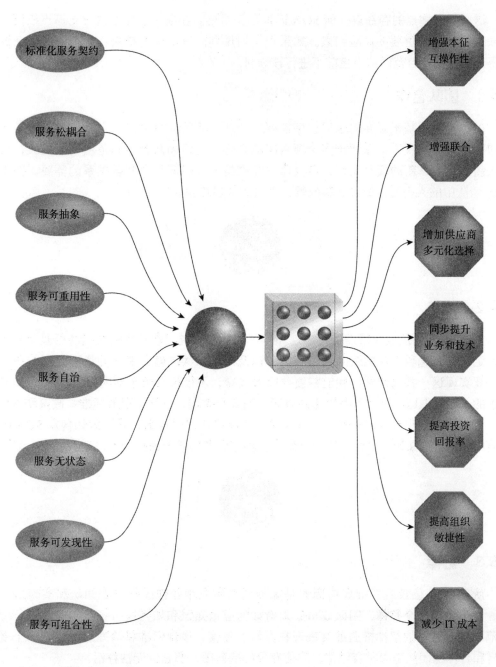

图 3-34　将面向服务原则重复应用于作为集合体一部分而交付的服务，会产生基于面向服务
　　　　　计算相关战略目标声明的目标状态

❑ 平衡范围——需要实现所需的团队协作、教育和纪律水平程度由有意义但可管理
的范围来表示。

这 4 个支撑点的存在对任何 SOA 倡议至关重要。在很大程度上这些支撑点任何一个的缺失均会带来重要的风险因素。如果在早期规划阶段识别到缺失，则可以保证在该问题得到解决或项目范围缩小之前不进行该项目。

3.5.1 团队合作

虽然传统的基于竖井的应用程序需要单个项目团队成员之间的合作，但是服务的交付和面向服务解决方案需要跨多个项目团队合作。所需团队合作的范围明显更大，可以引入新的动态、新的项目角色，以及建立和维持个人和部门之间新关系的需要。在整个 SOA 团队中的人需要相互信任和依赖，否则团队会垮掉。

3.5.2 教育

实现 SOA 团队成员所需的可靠性和信任的一个关键因素是确保他们使用基于共同词汇、定义、概念和方法的公共通信框架，以及对团队共同努力实现的目标状态的共同理解。要实现这一共同理解，我们需要共同的教育，不仅仅是关于面向服务、SOA 和服务技术的一般性主题，而且需要具体的原则、模式和实践，以及既定的标准、政策和方法。

将团队合作和教育的支撑点结合起来，可以建立知识基础，并了解如何在 SOA 团队成员中使用这些知识。由此产生的清晰度消除了许多传统上困扰 SOA 项目的常见风险。

3.5.3 纪律

所有 SOA 倡议的关键成功因素是如何使用和应用合作团队中的知识和实践的一致性。为了成为一个整体，团队成员必须对如何应用知识和如何履行各自的角色进行纪律规范制定。所需的纪律措施通常表现在方法、建模、设计标准和治理规范中。一个受过教育和合作的团队如果没有纪律，即使有最好的蓝图，那它也无法存活。

3.5.4　平衡范围

到目前为止，已经确定我们需要：

❑ 这样的合作团队……
❑ 有关行业和企业特定知识领域的共同理解和教育……
❑ 我们还需要团队的持续合作，应用我们的理解，遵循统一的方法论和标准。

在一些 IT 企业中，特别是那些在构建竖井式的应用程序方面具有悠久历史的企业中，实现这些可能有挑战性。也许产生的一些文化、政治和各种其他形式的组织问题使得实现这 3 个支撑点所需的组织变革更加困难。那么，如何真正地实现它们呢？这一切都归结于平衡的采纳范围。

采纳范围需要有意义的跨竖井板块，同时也是现实可控的。这需要确定采用面向服务的平衡范围。

注意

平衡范围概念直接对应于 SOA 声明中的以下准则：

"SOA 采用的范围可以不同。努力保持可控，并在有意义的界限内。"

有关完整的 SOA 声明和注释版 SOA 声明，请参阅附录 D。

一旦确定了平衡的采纳范围，这个范围就决定了其他 3 个支撑点需要建立的程度。相反，你所能实现其他 3 个支撑点的程度将影响你如何确定范围（见图 3-35）。

图 3-35　平衡范围支撑点涵盖并确定了其他 3 个支撑点适用特定采纳工作的范围

确定平衡范围涉及的常见因素包括：

❑ 文化障碍
❑ 权威架构
❑ 地理布局
❑ 业务领域一致
❑ 可用的利益相关者的支持和资金

❑ 可用的 IT 资源

一个组织可以选择一个或多个平衡的采纳范围（见图 3-36）。拥有多个范围就需要采用基于域的方法。每个域都建立了服务目录边界。在域之间，面向服务的采纳和服务的交付可以单独进行。由于它会在 IT 企业内建立有意义的服务域（也称为"服务大洲"），所以不会产生应用程序竖井。

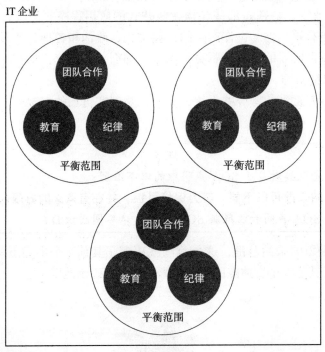

图 3-36 多个平衡范围可以存在于同一 IT 企业中。每个代表一个独立标准化、私有和管控的单一域服务目录

SOA 模式

域服务目录源自域目录模式，这是企业目录模式的替代。

第4章 理解面向服务架构

本章的重点是建立面向服务与技术体系之间的联系，建立 SOA 独有的特点和类型，并考虑如何提高关键项目交付。

注意

以下几节中提到云和云计算。如果你是云计算方面的新手，可以去网站 www.whatiscloud.com 上阅读一些关于云计算的介绍，在网站 www.cloudpatterns.org 中有关于云计算模式的介绍。更全面的相关内容可以参阅《Cloud Computing: Concepts, Technology & Architecture》⊖和《Cloud Computing Design Patterns》⊜，其中一部分内容来自 Thomas Erl 的"Prentice Hall Service Technology Series"。

SOA 简介

让我们简要回顾一些第 3 章涵盖的主题，明确它们之间的相互关系以及它们如何明确地导出 SOA 定义：

- ❑ 有一组与面向服务的计算相关的战略目标。
- ❑ 这些目标代表一个特定的目标状态。
- ❑ 面向服务的范式为实现这一目标状态提供了一个行之有效的方法。
- ❑ 当我们将面向服务应用于软件设计时，我们构建了一个称为"服务"的逻辑单元。
- ❑ 面向服务的解决方案由一个或多个服务组成。

我们已经确定，面向服务在一定程度上得到有意义的应用之后，解决方案才被认为是面向服务的。然而，仅仅了解设计范式是不够的。想要一致和成功地应用面向服务需要一个定制的技术架构，以适应其设计偏好，最初是在服务第一次交付时，尤其是当服务集合被大量积累并组装成复杂的服务组合时。

换句话说：

- ❑ 要构建成功的面向服务解决方案，我们需要一种具有特定特性的分布式技术架构。
- ❑ 这些特性成为面向服务技术架构的独特之处。这就是 SOA。

面向服务从根本上讲述了如何实现我们在第 3 章结束时建立的特定目标状态。它要

⊖ 本书中英文版由机械工业出版社于 2014 ～ 2016 年引进出版，英文版 ISBN 978-7-111-53445-7，中文版 ISBN 978-7-111-46134-0。——编辑注

⊜ 本书的中文版由机械工业出版社于 2016 年引进出版，ISBN 978-7-111-53383-2。——编辑注

求我们在构建时考虑额外的设计因素，使得给定面向服务解决方案的所有运动部件支持实现这种状态并促进其增长和演进。这些设计因素顺延到支持技术架构中，支持技术架构必须具有这样的一组属性，这些属性能够实现目标状态并且本征地适应目标环境内的持续变化。

4.1　SOA 的 4 个特性

面向服务的技术架构必须具有某些属性，这些属性需满足包含已应用了面向服务设计原则服务的自动化解决方案的基本需求。这 4 个特性有助于进一步区分 SOA 和其他架构模型。

注意

当我们逐一探讨这些特性时，谨记，在实现中，这些特性可以达到的程度可能会有所不同。

4.1.1　业务驱动

技术架构通常设计为支持提供解决方案以满足战术（短期）业务需求。因为在定义架构时，不考虑组织过渡性、战略性（长期）业务目标，所以随着时间的推移，这种方法可能导致技术环境与组织的业务方向和要求无法保持一致。

业务和技术的逐渐分离产生了一种技术架构，它削弱了满足业务需求的潜力，并且越来越难以适应不断变化的业务需求（见图 4-1）。

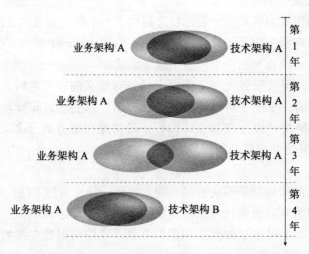

图 4-1　技术架构（A）的交付通常与业务的当前状态一致，但是可能不能根据业务演进而进行改变。随着业务和技术架构越来越不同步，对业务需求的满足逐步减少，通常需要一个全新的技术架构（B），这实际上产生了一个周期性循环

当技术架构是业务驱动时，总体的业务愿景、目标和需求被定位为架构模型的基础和主要影响。这使得技术和业务的潜在一致性最大化，并允许技术架构可以与整个组织一起发展（见图4-2）。其结果是架构的价值和寿命不断提高。

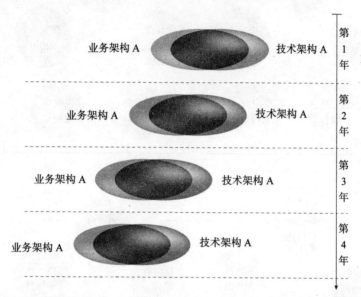

图4-2 通过定义一个战略性的、以业务为中心的技术架构，可以与业务演化随着时间的推移不断同步

4.1.2 供应商中立

围绕一个特定供应商平台设计面向服务的技术架构可能会无意中继承这个供应商专有的特性。为响应其他供应商可靠有用的技术创新，可能会阻碍存量架构的未来发展。

抑制性技术架构无法根据变化的自动化需求而演变和扩展，这可能导致架构的寿命有限，随后需要被替换以保持有效（见图4-3）。

一个组织的最佳利益是采用与主要SOA供应商平台一致的基于面向服务架构的设计模型，但对所有这些平台都是中立的。供应商中立的架构模型可以从供应商无关的设计范式导出，这种设计范式用于构建该架构所支持的解决方案逻辑（见图4-4）。面向服务范式提供了这样一种方法：它源于并适用于现实世界的技术平台，同时对它们保持中立。

注意

只是因为架构被归类为供应商中立，并不意味着它也与当前供应商技术**相一致**。通过独立工作产生的一些模型，与当今主流SOA技术存在的方式不同步，并且预期在未来将演变，因此可能与供应商绑定模式一样抑制了未来的发展。

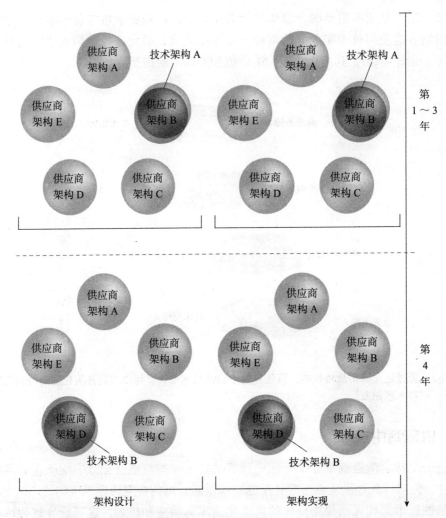

图 4-3 以供应商为中心的技术架构通常绑定了相应供应商平台的路线图。这可能减少利用
其他供应商平台提供技术创新的机会，并且可能最终需要用新的供应商实现（其再
次开始循环）来完全替代该架构

4.1.3 企业中心化

面向服务的解决方案基于分布式架构的事实并不意味着在企业内不断创建新的竖井
的危险就不存在，这种危险在构建设计不良的服务时仍然是存在的，如图 4-5 所示。

当应用面向服务时，服务被定位为**企业资源**，这意味着服务逻辑设计为具有以下主
要特征：

❑ 该逻辑在特定实现边界之外可用。

❑ 该逻辑是根据既定的设计原则和企业标准设计的。

　　本质上，逻辑的主体被归类为企业的资源。这不一定使其成为企业级资源或必须在整个技术环境中使用的资源。企业资源只是作为 IT 资产的逻辑定位；企业资源是企业的扩展，它不属于任何一个应用程序或解决方案。

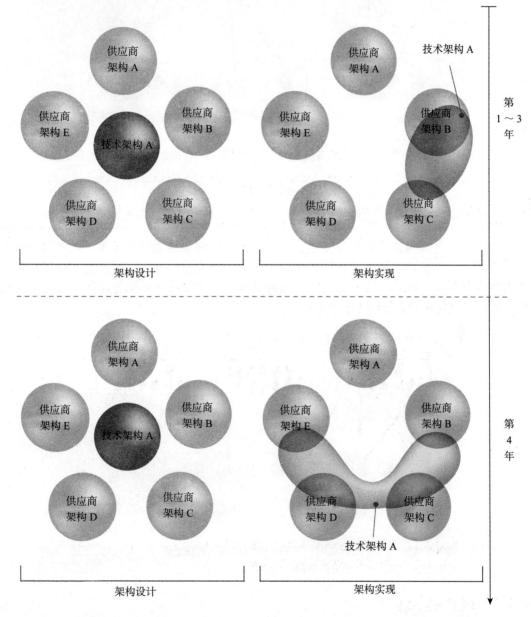

图 4-4　如果架构模型被设计为对供应商平台保持中立，通过利用多个供应商技术创新，它就保持了实现多样化的自由。这增加了架构的寿命，因为这样可以基于需求的变化而不断增加和发展

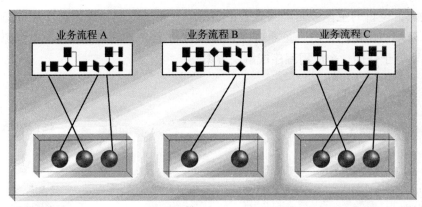

企业 A

图 4-5　提供用于特定自动化业务流程的单一目的服务，可能最终在企业内部建立竖井

SOA 模式

如在服务封装模式中所建立的，企业资源基本上体现了服务逻辑的基本特性。

为了将服务作为企业资源来使用，底层技术架构必须建立一个模型，该模型本身基于以下假设：作为服务提供的软件程序将由企业的其他部分共享，或者是包括共享服务更大解决方案的一部分。这个基准要求强调对架构各部分进行标准化，以便可以不断地促进服务的重用和互操作性（见图 4-6）。

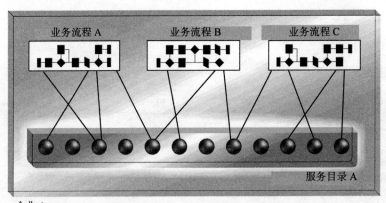

服务目录 A

企业 A

图 4-6　当服务被定位为企业资源时，它们不再创建或驻留在竖井中。相反的，它们作为服务目录的一部分可用于更广泛的应用范围

4.1.4　组合中心化

尤其是与以前的分布式计算模式相比，面向服务更注重将软件程序设计为不仅仅是可重用的资源，而是作为更加灵活的资源，可以插入到用于各种面向服务解决方案的不

同聚合结构中。

　　要实现这一点，服务必须是可组合的。如服务可组合性原则所倡导的，这意味着服务必须能够被拉入各种组合设计，而不管它们最初是否在首次发布时被要求参与组合（见图 4-7）。

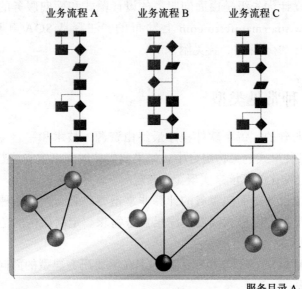

图 4-7　同一服务目录中的服务组合为不同的配置。重点服务被多个组合重用，以自动完成不同的业务流程

　　为了支持本地可组合性，底层技术架构必须具有实现一系列简单和复杂的组合设计。与可扩展性、可靠性、运行时数据交换处理和完整性有关的架构扩展（以及相关基础设施扩展），对支持这一关键特性至关重要。

4.1.5　设计优先级

　　"SOA 声明"（SOA Manifesto）的出版提供了一个有价值的观点，即面向服务如何与SOA 相关，以及这种关系的形式化如何导致一系列设计优先级。看看下面的摘录：

　　　　面向服务是一个范式，用于框定你做什么。面向服务的架构（SOA）是一种通过应用面向服务而产生的架构类型。

　　　　我们一直应用面向服务来帮助企业根据不断变化的业务需求，持续提供可持续的业务价值、提高敏捷性和成本效益。

　　　　通过我们的工作，按轻重缓急考虑：

　　　　❑ 商业价值高于技术战略

　　　　❑ 战略目标高于项目特定的效益

　　　　❑ 本征互操作性高于定制集成

❑ 共享的服务高于特定目的的实现

❑ 灵活性高于效率

❑ 渐进的演化高于追求一开始就尽善尽美

也就是说，虽然我们重视右侧的项，但我们更重视左侧的项。

很明显，这些设计优先级是由面向服务的设计范式和面向服务的架构模型直接支持的。这一点在 www.soa-manifesto.com 上发布的"注释版 SOA 声明（Annotated SOA Manifesto）"中有进一步地探讨，详见附录 D。

4.2 SOA 的 4 种常见类型

正如我们早已明确的，每个软件程序最终由资源、技术和平台（基础设施相关或其他）构成并存在于某种形式的架构组合中。如果我们花时间来定制这些架构元素，那么可以建立一个精细和标准化的环境来实现（或者定制）软件程序。

技术架构的刻意设计对面向服务的计算非常重要。必须建立一种环境，在这种环境中，服务可以重复重组，以最大限度地满足业务需求。定制架构的范围、上下文和边界的战略利益可能很大。

为了更好地理解 SOA 的基本机制，我们现在需要研究典型的面向服务环境中存在的常见类型的技术架构：

❑ 服务架构——单个服务的架构。

❑ 服务组合架构——组合成服务组合的一组服务的架构。

❑ 服务目录架构——支持独立标准化和管理的相关服务集合的架构。

❑ 面向服务的企业架构——企业自身的架构，无论其面向服务的程度多高。

SOA 模式

面向服务原则与 SOA 模式密切相关。请注意附录 C 中每个模式概述表包含专用于显示相关架构的字段。

面向服务的企业架构是包含所有其他架构的父架构代表。由该父平台建立的环境和约束被转移到可能存在于单一企业环境中的服务目录架构实现中。这些目录进一步引入新的、更具体的架构元素（如运行时平台和中间件），然后形成目录边界内服务和组合架构实现的基础。

因此，形成了一种自然形式的架构继承，由此，更细粒度的架构实现继承微粒度架构实现中的元素（见图 4-8）。要记住架构类型之间的这种关系很容易，因为它可以识别可能存在的潜在（正面和负面）依赖性。

以下部分单独探讨架构类型，并突出显示这些特性与常见 SOA 设计优先级之间的链接。

图 4-8　分层 SOA 模型建立了 4 种常见的 SOA 类型：服务架构、服务组合架构、服务目录
架构和面向服务的企业架构

4.2.1　服务架构

若将一个仅限于软件程序物理设计的技术架构设计为服务，则该技术架构称为**服务
架构**。这种形式的技术架构在范围上与组件架构相当，除了它通常依赖更大量的基础设
施扩展来支持其对可靠性、性能、可扩展性、行为可预测性增强的需求，特别是对增强
自治的需求。服务架构的范围也将更大，因为服务可以（在其他东西中）包括多个组件
（见图 4-9）。

尽管在传统分布式应用中为组件记录单独的架构并不总是常见的，但是要生产独立
存在且高度自给自足的软件程序服务的重要性就是要求单独设计每个架构。

服务架构规范通常由服务监管人拥有，并且为了支持服务抽象设计原则，其内容通
常受保护并且隐藏而不外泄给其他项目团队成员（见图 4-10）。

设计标准和其他面向服务设计原则的应用进一步影响了服务技术架构可能需要定义
的深度和细节（见图 4-11）。例如，由服务自治和服务无状态原则引出的实现因素可能
需要服务架构通过精确定义而更深地扩展到其周边的基础设施，例如定义服务架构所部
署的物理环境、需要访问的资源、是否有企业的其他部分正在访问这些相同资源，以及
基础设施中是否存在扩展可以用于延迟或存储它负责处理的数据。

服务架构的中心部分通常是它的 API。遵循标准的面向服务设计过程，服务契约通常
是服务物理交付的第一部分。契约所表达的能力进一步决定了其内在逻辑的范围和性质
以及其实现需要支持的处理需求（见图 4-12）。

这就是为什么在服务建模阶段将某些因素考虑到实现中的原因。将分析阶段记录详
情带入设计，这些信息中的大部分可以进入官方架构定义。

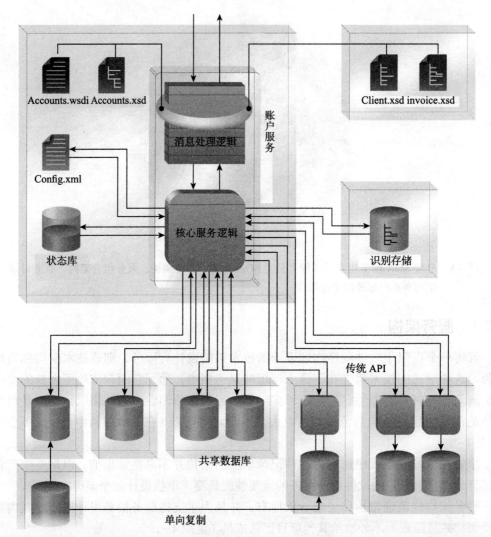

图 4-9 "账户"服务高级服务架构视图示例，描述了部分用于满足所有能力的功能需求的周边基础设施。可以创建其他视图仅显示与处理特定能力相关的那些架构元素。通常还包括更多详情，例如数据流和安全要求

注意

许多组织使用标准服务概述文件以收集和维护贯穿服务整个生命周期的有关信息。《SOA:Principles of Service Design》的第 15 章解释了服务概述文件并提供示例模板。

另一个可作为服务架构一部分的基础设施方面的服务设计是服务相关的*服务代理*，即能够透明地拦截和处理发送到服务或从服务发送的消息的事件驱动中介程序。

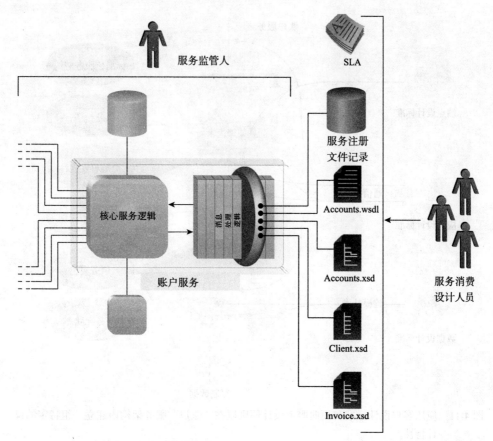

图 4-10　"账户"服务监管人员故意限制对架构文档的访问。因此，服务消费设计者只能获得已发布的服务契约文件

SOA 模式

服务代理可以是定制开发的，或者可以由底层运行时环境根据服务代理模式提供。

在服务架构内，特定代理程序可以与关于如何处理消息内容或如何由代理参与变更的运行时信息一起被标识。服务代理自身也可能具备可以被服务架构引用的架构规范（见图 4-13）。

任何服务架构的一个关键方面就是服务提供的功能驻留在一个或多个单独能力内。这通常需要将架构定义本身上升到能力级别。

每个服务能力封装了自己的逻辑片段。这种逻辑中的一些能力可以为服务定制开发，而其他能力可能需要访问一个或多个遗留资源。因此，单个能力最终需要各自详细的个性化设计，以便将其记录为单一的"能力架构"。但是，所有这些都与父服务架构相关。

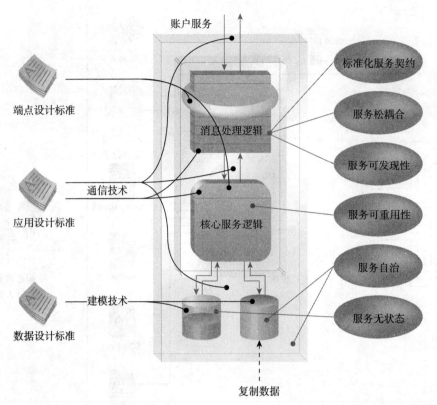

图 4-11 应用客户设计标准和面向服务设计原则以在"账户"服务架构内建立一组特定的设计特性

4.2.2 服务组合架构

提供一系列独立服务的基本目的是将它们组合成服务组合，能够自动实现更大、更复杂业务任务的全功能解决方案（见图 4-14）。

每个服务组合具有对应的服务组合架构。以同样的方式，分布式系统的应用程序架构包括其组件的个性化架构定义，这种形式的架构包含所有参与服务的服务架构（见图 4-15）。

注意
标准组合术语定义了服务在一个组合中可以承担的两个基本角色。负责组合其他服务的服务承担**组合控制器**的作用，而被组合的服务称为**组合成员**。

可以将组合架构（特别是组合封装了不同遗留系统的服务能力的架构）与传统的集成架构进行比较。这种比较通常仅在范围内有效，因为面向服务所强调的设计因素注定了服务组合设计与集成应用设计会大有不同。

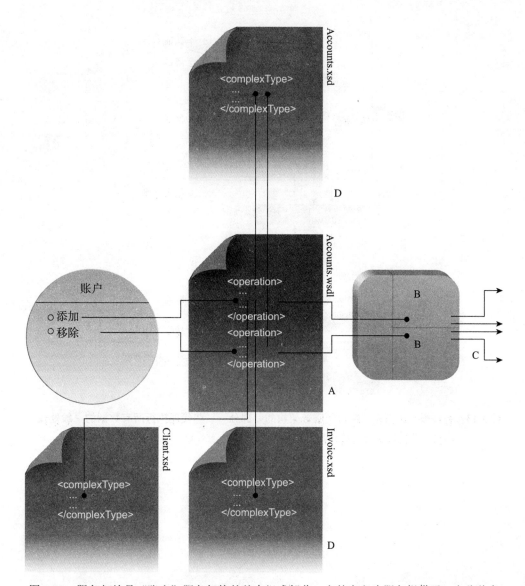

图 4-12　服务契约是"账户"服务架构的基本组成部分。它的定义为服务提供了一个公共身
　　　　份，并有助于表达其功能范围。具体来说，WSDL 文档（A）表达了对应于底层"账
　　　　户"服务逻辑内功能（B）段的操作。该逻辑依次访问企业中的其他资源以执行那
　　　　些功能（C）。为了实现这一点，WSDL 文档通过在单独的 XML Schema 文档（D）
　　　　中建立输入和输出消息类型提供数据交换定义

　　例如，如何记录组合架构的一个区别在于该架构包括关于组合中涉及的不可知服务
的细节程度。由于这些类型的服务架构规范经常受到保护——根据服务抽象原则提出的要
求，组合架构可能只能参考技术接口文档和服务级别协议（SLA）相关的、作为服务公共
契约部分公布的信息（见图 4-16）。

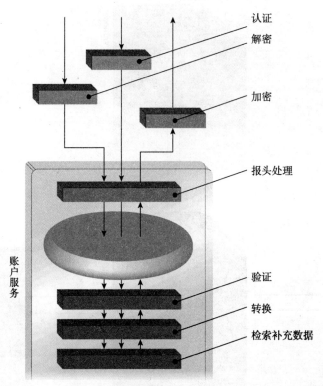

图 4-13 各种服务代理是"账户"服务架构的一部分。一些代理执行所有数据的一般处理，而另一些特定于输入或输出数据流

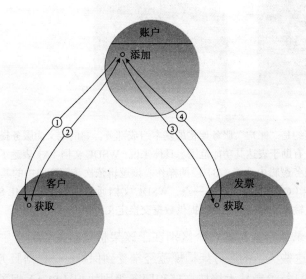

图 4-14 从服务的建模角度来看"账户"服务组合。编号箭头表示"添加"能力所需的组合"客户"和"发票"服务中的能力时，数据流和服务交互的顺序

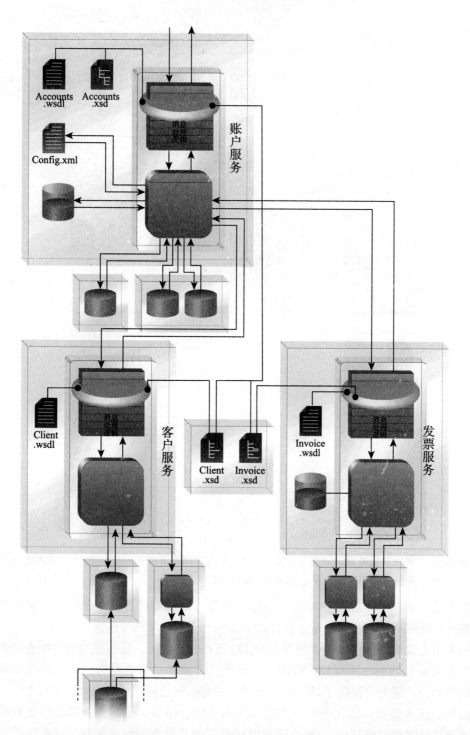

图 4-15　从物理架构角度观察的同一"账户"服务组合，说明每个组合成员的基础资源如何提供"账户"服务中"添加"能力所表示的自动化流程逻辑所需的功能

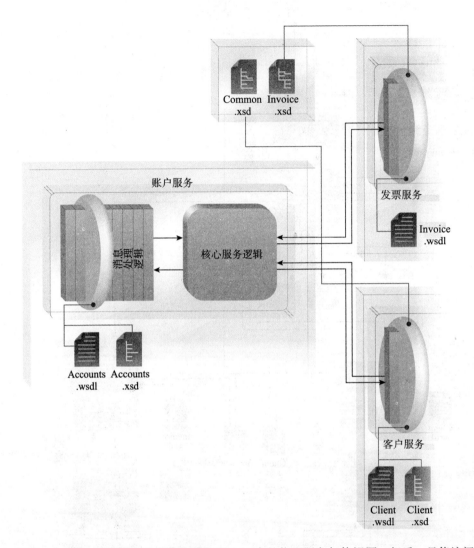

图 4-16 "账户"服务设计者无法获取图 4-15 中的物理服务架构视图。相反，只能访问在
　　　 "发票"和"客户"服务契约中发布的信息

　　服务组合架构另一相当独特的方面是组合物可以发现自己是一个较大上层组合物的嵌套部分，因此一个组合架构可以包含或引用另一个组合架构（见图 4-17）。

　　服务组合架构不仅仅是个体服务架构（或契约）的累积。新创建的服务组合通常包含定位为组合控制器的非不可知任务服务。此服务详细信息缺乏私有性，其设计是架构的一个组成部分，因为它提供了组合逻辑来调用并与所有已标识的组合成员交互。

　　此外，服务需要自动化的业务流程可能需要组合逻辑，该组合逻辑能够处理多个运行时场景（异常相关或其他），每个运行时场景可能导致不同组合配置。这些场景及其相关服务活动和消息路径是组合设计的常见部分。它们需要被预先理解和映射，以使组合逻辑完全准备好处理它可能需要面对的运行时环境范围（见图 4-18）。

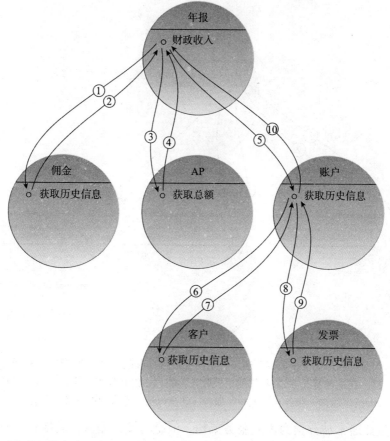

图 4-17　"账户"服务发现自己嵌套在较大的"年报"服务组合中，它组合了"账户获取历史记录"能力，并依次组合了"客户"和"发票"服务中的能力

　　最后，组合将依赖承载组合成员的底层运行时环境的活动管理能力。安全性、事务管理、可靠消息传递以及其他基础设施扩展（例如对复杂消息路由的支持）可能都会进入组合架构规范。

SOA 模式

　　即使组合由服务组成，它实际上是单独调用的服务能力，并且执行服务功能的特定子集以执行组合逻辑。这就是为什么设计模式（如能力组合和能力再组合）具体参考组合能力（与组合服务相反）的原因。

4.2.3　服务目录架构

　　独立地或作为不同 IT 项目的组成部分交付的服务存在创建冗余和非标准化功能表达

和数据表达的风险。这可能导致非联合企业，其中服务集群模仿由传统孤立应用程序组成的环境。

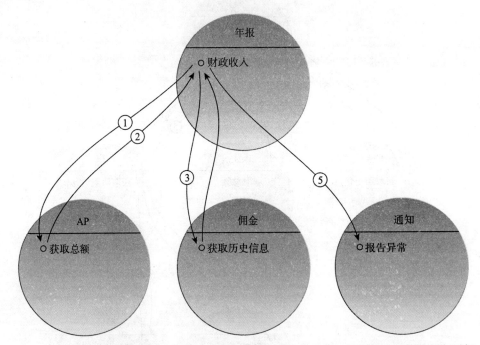

图 4-18　给定的业务流程可能需要通过一系列服务组合来自动化，以便适应不同的运行时场景。在这种情况下，"年报的财政收入"能力中的替代组合逻辑可以处理异常情况。因此，"通知"服务在"账户"服务（甚至包括在组合中的服务）之前被调用

结果，虽然通常被分类为面向服务架构，但是与设计差异、转换和集成相关的许多传统挑战仍然出现并破坏了面向服务计算战略目标。

如第 3 章所述，服务目录是在预定义的架构边界内提供的独立标准化和管理服务的集合。此集合表示超出单个业务流程处理边界的有意义范围，并且理想地跨越多个业务流程。

SOA 模式

服务目录架构的范围和边界可以根据企业目录和域目录模式而变化。

理想情况下，服务目录首先在概念上建模，从而创建服务目录蓝图。通常，这个蓝图最终定义了所谓的服务目录架构的架构类型所需的范围（见图 4-19）。

从架构角度来看，服务目录可以描述标准化架构实现的具体边界。这意味着，由于目录中的服务是标准化的，所以底层架构提供的技术和扩展也是如此。

如前所述，服务目录范围可以是企业范围的，或者它可以代表企业内的域。因此，这种架构类型不能称为"域架构"。它与目录边界范围相关，可以包括多个域。

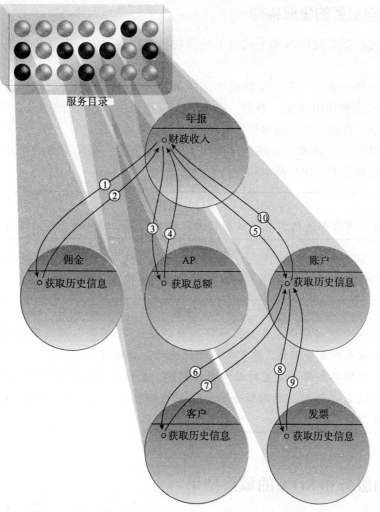

图 4-19　最终, 可以组合、再组合目录中的服务, 如由不同的组合架构表示的。为此, 本书中的许多设计模式需要在服务目录边界内得到一致应用

SOA 模式

当使用术语"SOA"或"SOA 实现"时, 其通常与服务目录的范围相关联。事实上, 除了解决跨目录交换的一些设计模式之外, 大多数 SOA 模式预期在目录边界内应用。

很难将服务目录架构与传统类型的架构进行比较, 因为目录的概念并不常见。最接近的候选者将是代表一个企业一些重要部分的集成架构。然而, 这种比较将仅在范围上相关, 因为面向服务设计特性和相关标准化工作力图将服务目录变成同质环境, 其中作为单独流程的集成不需要实现连接。

4.2.4 面向服务的企业架构

这种形式的技术架构基本上代表了驻留在特定企业中的所有服务、服务组合和服务目录架构。

只有当一个企业的大多或所有技术环境都面向服务时，面向服务的企业架构才能与传统的企业技术架构相媲美。否则，它可能仅仅是采用了 SOA 的那些企业部分的文档，在这种情况下，它作为企业整体技术架构的一个子集而存在。

在多目录环境或在未完全成功标准化工作的环境中，面向服务的企业架构规范将进一步记录可能存在的任何变换点和设计差异。

SOA 模式

当设计具有外部通信需求的服务目录环境时，目录端点模式可以发挥关键作用。

此外，面向服务的企业架构还可以建立所有服务、组合和目录架构实现需要遵守的企业级设计标准和约束，并且还可能需要在相应的架构规范中引用。

注意

本节专注于技术架构。然而，值得指出的是，"完整的"面向服务的企业架构将包含企业的技术和业务架构（非常类似于传统的企业架构）。

此外，可能存在其他类型的面向服务架构，特别是跨越企业私有环境时。示例可以包括企业间服务架构、面向服务的社区架构和包含来自外部云计算环境的 IT 资源的各种混合架构。

4.3 面向服务和 SOA 的最终结果

商界和 IT 行业具有无止境的双向关系，每个关系都会影响其他关系（见图 4-20）。业务需求和趋势创造了 IT 界努力实现的自动化需求。IT 界制作的新方法和技术创新有助于激励组织改进现有业务，甚至尝试新的业务线。（云计算的出现是贴合后者的一个很好示例。）

IT 行业已多次贯穿图 4-20 所示的周期。每次迭代都带来了复杂问题和技术平台复杂性的变化和增加。

有时，贯穿该流程循环的一系列迭代会

图 4-20 无休止的流程循环确立了企业和 IT 社区之间的动态性

导致自动化和计算本身整体方法的根本性转变。主要平台和框架（例如面向对象和企业应用程序集成）的出现就是此类示例。如此重大的变化代表了技术和方法的积累，因此可以认为是 IT 本身演变中的里程碑。每次变化还会形成不同的技术架构需求。

　　面向服务计算也不例外。其建立的平台提供了实现重要战略利益的潜力，而这恰恰是业务社区目前所要求的，如第 3 章中先前所述战略目标和利益所表示的。

　　实现这些战略目标是采用面向服务企图达成的目标状态。换句话说，它们代表了应用面向服务方法的最终期望结果。

　　那么这与面向服务技术架构有什么关系呢？图 4-21 示意了追求特定目标如何引发面向服务应用对所有架构类型的一系列影响。

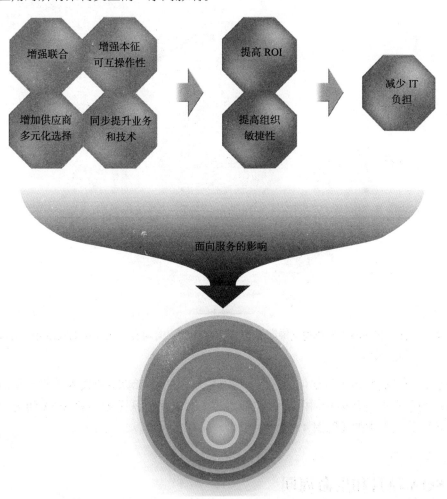

图 4-21　面向服务计算的共同战略目标和益处是通过应用面向服务来实现的。这依次影响了对 4 种类型的面向服务技术架构的供求。（请注意，右侧的三个目标代表了典型 SOA 计划中追求的最终目标利益）

> **注意**
>
> 关于每个战略目标如何具体影响4种类型的面向服务架构，感兴趣的读者请参阅《SOA Design Patterns》中的第23章，其中阐述了各自的影响。

最终，成功实现面向服务架构将支持和维护与面向服务计算战略目标相关的益处。如图4-22所示，商界和IT界之间持续运作的流程循环会产生不断变化。标准化、优化和整体健全的面向服务架构完全支持甚至能让这种变化适应并作为面向服务企业的自然特性。

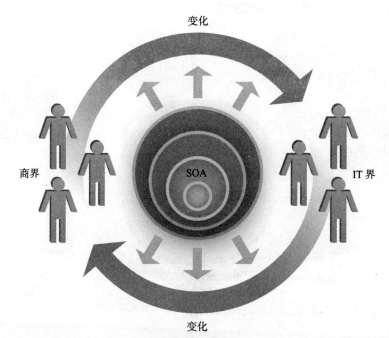

图4-22 面向服务的技术架构支持商界和IT界之间的双向动态，允许在无限循环中引入或适应变化

最后，为了更好地了解如何实现图4-22中所示的双向动态的技术架构，我们需要揭晓隐藏在场景和支持目标背后的知识和智力这个形式化体系是如何将SOA作为一个成熟实践领域而收入囊中的（见图4-23）。

4.4 SOA项目和生命周期

了解如何实现面向服务架构还需要了解如何执行SOA项目。在本章的剩余部分，我们远离技术，简要总结常见的SOA方法和项目交付主题。

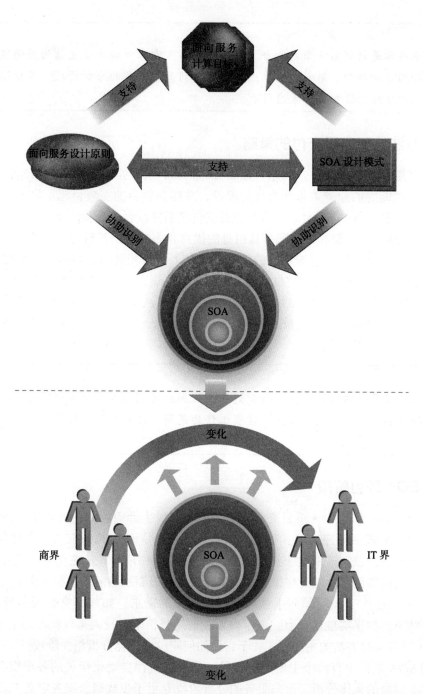

图 4-23 面向服务计算的战略目标代表一个可以通过面向服务提供的方法而实现的目标状态。成功应用面向服务原则并支持 SOA 设计模式有助于为不同类型的面向服务架构塑形并定义需求，从而形成一个 IT 自动化模型，该模型专为全面支持贯穿商界和 IT 界持续过渡的双向变化循环而设计

注意

本节内容是转到第 5 章的一个良好过渡，第 5 章探讨服务定义作为面向服务分析项目阶段的基础部分，第 6 ~ 9 章进一步深入到面向服务的分析阶段，然后涵盖与面向服务设计项目阶段相关的考虑因素。

4.4.1 方法论和项目交付的策略

可以使用多种项目交付方法来构建服务。例如，一种是自下而上的策略，其战略重点在于将实现即时的业务需求作为优先项目，并作为项目的主要目标。另一种是自上而下的策略，它主张在实际设计、开发和服务交付之前完成目录分析。

如图 4-24 所示，每种方法都有其自身的优点和影响。虽然自下而上的策略避免了通过自上而下方法交付服务所需花费的额外成本、工作量和时间，但是它却最终导致了治理负担的增加，因为自下而上交付的服务往往寿命更短，需要更频繁地维护和重构。

自上而下的策略需要更多的初始投资，因为它引入了一个着重创建服务目录蓝图的前期分析阶段。候选服务集合被单独定义为此蓝图的一部分，以确保后续服务设计的高度规范化、标准化和一致性。

注意

自上而下的策略需要应用得恰到好处，例如应用到第 6 ~ 9 章中所涵盖的面向服务分析阶段和面向服务设计阶段。这项工作的范围由计划的服务目录范围决定，如第 3 章所涵盖的平衡范围支撑点。

4.4.2 SOA 项目阶段

图 4-25 显示了与 SOA 项目交付和整个服务交付生命周期相关的常见阶段和主要阶段。尽管这些阶段按顺序显示，但每个阶段如何执行、何时执行取决于所使用的方法。可以考虑不同的方法，这取决于整个 SOA 项目的性质和范围、正在交付的服务的服务目录标准化的规模和程度，以及与长期战略需求相关的短期战略需求正在优化的方式。

自上而下的 SOA 项目倾向于强调一些有意义的需求，如每个交付服务旨在支持的战略目标状态。为了实现这一点，通常需要在前期分析阶段投入某种程度的精力。因此，区分 SOA 项目交付方法的主要方式在于它们如何定位和优化分析相关阶段。

典型 SOA 项目中有两个主要分析阶段：与业务流程自动化相关的各个服务的分析，以及对服务目录的集体分析。面向服务的分析阶段专用于生成概念服务定义（候选服务），作为业务流程逻辑功能分解的一部分。服务目录分析建立了一个周期，其中，无论在哪种程度上遵循自上而下的（策略）方法，面向服务的分析过程（与其他业务流程一起）总会迭代执行。

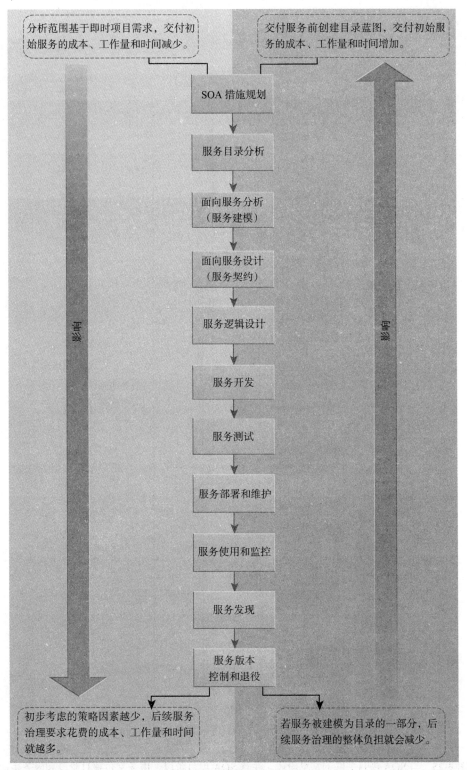

图 4-24 通常，前期服务分析花费的时间和精力越少，后续部署治理负担就越大。左侧的方
　　　　法与自下而上的服务交付相当，右侧的方法更类似于自上而下的交付。尝试组合这
　　　　两种方法元素的 SOA 方法也存在

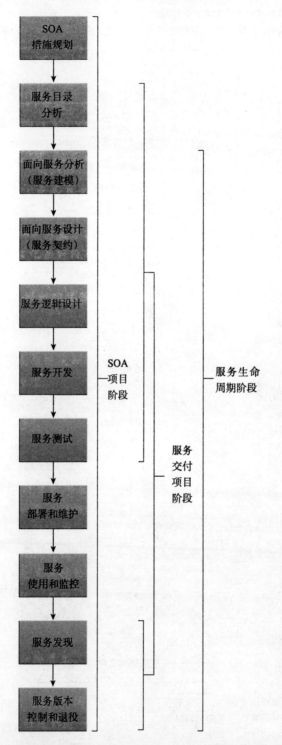

图 4-25　与 SOA 项目关联的常见阶段。注意 SOA 项目阶段、服务交付项目阶段和服务生命
周期阶段之间的区别。这些术语分别在随后的各个章节中使用，即涉及整体采用项
目、单一服务交付和特定服务生命周期阶段时

下一节将简要介绍这些和其他阶段。

4.4.3 SOA 项目采用的计划

基础规划决策是要在这个初始阶段制定的。这些决策将塑造整个项目，这就是为什么初始阶段被认为是一个关键阶段，在此可能需要单独分配资金和时间进行所需的重要研究以评估和确定一系列因素，包括：

- 计划服务目录范围和最终目标状态
- 代表中间目标状态的里程碑
- 完成里程碑和整体采纳工作的时间表
- 可用资金和适当的供资模式
- 治理系统
- 管理系统
- 方法
- 风险评估

此外，需要定义先决条件以便建立用于确定 SOA 采用的整体可行性标准。这些需求基础通常源自第 3 章所描述的面向服务的 4 个支撑点。

4.4.4 服务目录分析

服务目录范围预期是有意义的"跨竖井"，通常意义上讲它包括组织内的多个业务流程或操作区域。

此服务目录分析阶段主要从概念上定义了服务目录。它包括一个周期（见图 4-26），在该周期中，每次迭代期间执行一次面向服务分析阶段（稍后解释）。每次面向服务分析的完成均会引出新的候选服务定义或现有候选服务的精简。重复该周期，直到服务目录域内的所有业务流程被分析并分解为适用于服务封装的单一操作。

图 4-26　服务目录分析周期。突出显示的步骤代表此阶段主要可交付项是服务目录蓝图

由于识别了单一的候选服务，它们予以分配了合适且互相关联的功能上下文。这确保了服务（在服务目录边界内）规范化，从而避免了功能上的重叠。结果，服务重用被最

大化并且干净利落地执行关注点分离。此阶段产生的主要可交付项就是**服务目录蓝图**。

该初始计划的范围和目标服务目录的大小往往决定了创建完整服务目录蓝图所需的前期工作量。更多的前期分析更好地定义了概念蓝图，旨在创建更高质量的服务目录。较少的前期分析往往产出片面或不太明确的服务目录蓝图。

以下是主要分析周期步骤的简要说明：

- **定义企业业务模型**——识别、定义业务模型和规范（例如业务流程定义、业务实体模型、逻辑数据模型等），并在必要时进行更新和进一步完善。这些模型用作主要业务分析输入。

- **定义技术架构**——基于所学习的业务自动化和服务封装需求，我们能够定义初步的技术架构特性和约束。这样可以预览服务目录环境，从而提出可能会影响我们如何定义候选服务的实际考虑因素。

- **定义服务目录蓝图**——在初步定义了计划服务目录的范围和结构之后，此蓝图扮演主规范角色，其中记录了建模的候选服务。

- **执行面向服务分析**——服务目录生命周期的每个迭代均执行一个面向服务的分析过程。

重复迭代包括面向服务分析的步骤会使服务目录蓝图得到增量定义。

注意

服务目录分析阶段的范围以及由此产生的服务目录蓝图直接关联 3.5 节中解释的平衡范围因素以及域目录模式的可能性应用。

4.4.5 面向服务分析 （服务建模）

SOA 项目的一个基本特征是它们强调每个交付服务都旨在努力支持的战略目标状态。为了实现这一点，通常需要在前期分析阶段投入某种程度的精力。因此，区分 SOA 项目交付方法的主要方式在于它们如何定位和优化与分析有关的阶段。

面向服务的分析代表了 SOA 初始计划的早期阶段和服务交付周期的第一阶段（见图 4-27）。该流程是从支持服务建模子流程完成的预备信息收集步骤开始的。

面向服务的分析过程通常迭代执行，每个业务流程执行一次。通常，服务目录的交付确定了代表企业有意义的域范围（根据 3.5.4 节的内容），甚至整个企业。面向服务分析的所有迭代属于该范围，每个迭代均对服务目录蓝图有所贡献。

步骤 1 和步骤 2 基本上代表了为步骤 3 中执行的建模流程而执行的信息收集任务。

步骤 1: 定义业务自动化需求

通常通过任何方式收集业务需求，它们的文档是开始分析过程所必需的。鉴于我们的分析范围围绕创建服务以支持面向服务的解决方案，只应考虑与该解决方案范围相关的需求。

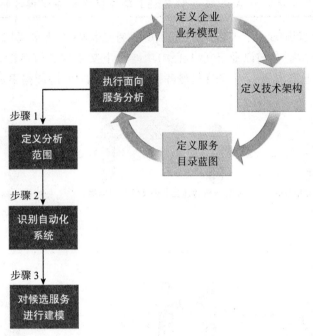

图 4-27　通用的面向服务分析过程，其中前两个步骤收集信息为步骤 3 所代表的详细服务建
　　　　模子流程做准备

业务需求应足够成熟，以便定义高级自动化流程。此业务流程文档将用作服务建模
流程的起点。

步骤 2：识别现有的自动化系统

需要识别现有的公共逻辑，这些逻辑一定程度上自动化实现了步骤 1 中标识的任何
需求。尽管面向服务分析无法准确确定 Web 服务如何封装或替换旧有的公共逻辑，但它
确实有助于我们提供一些可能受影响的系统范围。

Web 服务或 REST 服务与现有系统相关的细节在面向服务的设计阶段得到了解决。
现在，此信息将用于服务建模过程中帮助识别候选公共服务。

请注意，此步骤专为支持大规模面向服务解决方案的建模工作而定制。在建模较少
数量的服务时，不需要大量的研究工作，因此了解受影响的遗留环境仍然有用。

步骤 3：对候选服务进行建模

面向服务的分析引入了*服务建模*的概念，服务建模是识别候选服务操作，然后将其
分组到对应逻辑上下文中的过程。这些组最终形成候选服务，然后进一步组装成试验性
复合模型，这些试验性模型代表了计划的面向服务应用的组合逻辑。

注意

第 6 章和第 7 章分别为 Web 服务和 REST 服务提供服务建模过程。

面向服务分析过程的一个关键成功因素是业务分析师和技术架构师的实际合作（见图 4-28）。前一组特别参与以业务为中心的功能上下文中候选服务的定义，因为他们理解用作分析输入的业务流程，而且面向服务旨在将业务和 IT 协调得更加紧密。

图 4-28　业务分析师和技术架构师之间的协作如何随着 SOA 项目而变化的图示。虽然描述的业务分析师和架构师之间的协作关系也许不是 SOA 项目所独有的，但分析过程的性质和范围是独有的

4.4.6　面向服务设计（服务契约）

面向服务的设计阶段是一个服务交付生命周期阶段，专用于生产服务契约，以支持完善的"契约优先"方法进行软件开发（见图 4-29）。

面向服务设计过程的典型起点是面向服务分析过程的所有所需迭代完成（见图 4-30）而产生的候选服务。面向服务的设计致使该候选服务需要考虑额外因素，将其塑造为与同一服务目录生产的其他服务契约相一致的技术服务契约。

作为服务逻辑设计阶段的前身，面向服务的设计包括通过一系列因素来引导服务架构师的过程，以确保产生的服务契约满足业务需求，同时代表进一步遵守面向服务原则的规范化功能上下文。该过程的其中一部分还包括 SLA 的创作，这对于提供更广泛消费者基础的基于云的服务尤为重要。

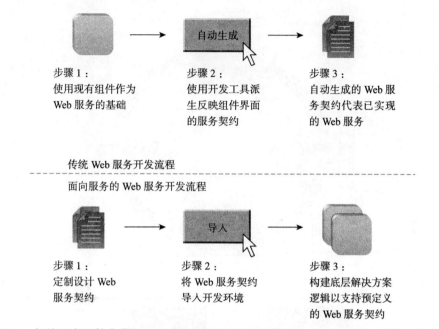

步骤 1：
使用现有组件作为
Web 服务的基础

步骤 2：
使用开发工具派
生反映组件界面
的服务契约

步骤 3：
自动生成的 Web 服
务契约代表已实现
的 Web 服务

传统 Web 服务开发流程
- -
面向服务的 Web 服务开发流程

步骤 1：
定制设计 Web
服务契约

步骤 2：
将 Web 服务契约
导入开发环境

步骤 3：
构建底层解决方案
逻辑以支持预定义
的 Web 服务契约

图 4-29　与从现有组件中获取 Web 服务契约的普遍流程不同，SOA 主张一种特定的方法，
鼓励我们推迟开发，直到定制设计的标准化契约到位

4.4.7　服务逻辑设计

通过面向服务的设计过程来设计服务逻辑，在底层服务架构和逻辑（该逻辑负责执行服务契约中表达的功能）之前优先建立和最终确定服务契约。这个有意的项目阶段顺序支持标准化服务契约原则，其中规定服务契约应在给定服务目录边界内相互标准化。

如何设计服务逻辑由服务需要满足的业务自动化需求决定。利用面向服务的解决方案，给定服务也许能够单独或更普遍地作为服务组合的一部分来满足业务需求。

4.4.8　服务开发

所有设计规范完成后，服务的实际编程就可以开始了。由于服务架构已被定义为前一阶段和定制设计标准参与的结果，所以服务开发者通常就关于如何构建服务架构的各个部分具有明确的方向。

4.4.9　服务测试

服务需要经历与传统定制开发应用程序相同类型的测试和质量保证周期。然而，新的需求引入了对额外测试方法和精力的需要。例如，为了支持服务可组合性原则的实现，新提供的服务需要单独测试并作为服务组合的一部分。提供可重用逻辑的不可知服务尤其需要严格地测试，以确保它们可以重复使用（同时作为相同服务组合和不同服务组合的一部分）。

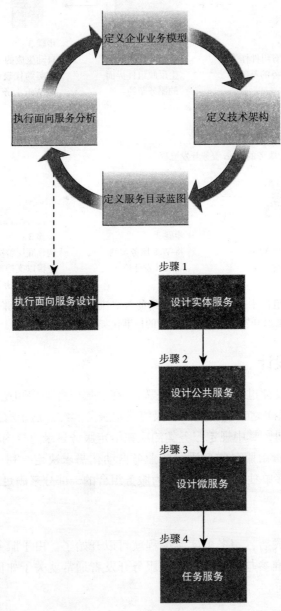

图 4-30 在分析工作之后，服务面临着面向服务的设计过程

以下是常见的服务测试注意事项：

- □ 什么类型的服务消费者可能访问服务？
- □ 该服务是否需要部署在云环境中？
- □ 服务可能受到哪些类型的异常条件和安全威胁？

- 是否有特定于公有云的安全因素需要考虑？
- 服务契约文件如何传达服务的功能范围和能力？
- 是否有需要测试和验证的 SLA 保证？
- 服务如何轻松地组合和重组？
- 服务可以在内部部署和云环境之间移动吗？
- 如何容易地发现服务？
- 是否符合任何行业标准或配置文件（如 WS-I 配置文件）？
- 如果部署了云，是否有云提供商强加的专有特性与本地服务特性不兼容？
- 服务契约内和服务逻辑中的验证规则是否有效？
- 是否已制定了所有可能的服务活动和服务组合？
- 对于跨越本地和云环境的服务组合，其性能和行为是否一致和可靠？

因为服务被定位为具有与商业软件产品运行时使用需求相当的 IT 资产，所以通常需要类似的质量保证过程。

4.4.10　服务部署和维护

服务部署体现为将服务实际实现到生产环境中。这个阶段可能涉及底层服务架构和支持基础设施的许多相互依赖的部分，例如：

- 分布式组件
- 服务契约文件
- 中间件（如 ESB 和编排平台）
- 实现云服务注意事项
- 由内部部署或基于云的服务包含的基于云的 IT 资源
- 定制服务代理和中介
- 系统代理和处理器
- 基于云的服务代理，如自动扩展监听器和付费监视器
- 按需、动态扩展和计费配置
- 专有的运行时平台扩展
- 管理和监控产品

服务维护指的是作为初始实现或后续的一部分需要对部署环境进行的升级或改变。它不涉及对服务契约或服务逻辑需要进行的更改，也不涉及作为构成新版本服务环境的一部分需要进行的任何更改。

4.4.11　服务使用和监控

已经部署并且作为一个或多个服务组合一部分而被积极使用（或已经被服务消费者通

用）的服务被认为属于这个阶段。持续监控激活状态的服务会生成测量服务使用进化维护（例如可扩展性、可靠性等）以及业务评估理由（例如，计算所有权成本和 ROI 时）所必需的度量。

关于这一阶段的特殊因素适用于基于云的服务，例如：

❑ 云服务可以由虚拟化 IT 资源托管，虚拟化 IT 资源进一步由多个云消费者组织共享的物理 IT 资源托管。

❑ 云服务的使用不仅针对性能进行监控，当服务实现基于每次使用费许可时也用于计费目的。

❑ 云服务的弹性可以配置为有限或无限的可扩展性，当与内部部署实现相比时增加行为范围（并且改变其使用阈值）。

这一阶段通常不作单独记录，因为它与服务交付、负责交付或更改服务的项目没有直接关系。本书特别提醒那是因为服务在运行和使用时可能会受到各种治理因素的影响。

4.4.12 服务发现

为了确保可重用的服务一致重用，项目团队执行单独和明确定义的服务发现流程。此流程的主要目标是识别给定服务目录中一个或多个现有的不可知服务（例如公共或实体服务），这些服务可满足项目团队负责自动化任何业务流程的通用需求。

执行服务发现流程中涉及的主要机制是包含关于可用和即将到来的服务的相关元数据的服务注册表，以及指向相应的服务契约文档（其可以包括 SLA）的指针。元数据和服务契约文件的通信质量对如何成功地执行该流程起着重要的作用。这就是为什么服务可发现性原则可以专用于确保关于服务发布的信息是高度可阐述和可发现的。

4.4.13 服务版本控制和退役

在服务已实现并在生产环境中使用之后，可能会产生改变现有服务逻辑或增加服务功能范围的需求。在这种情况下，可能需要引入新版本的服务逻辑和／或服务契约。为了确保服务版本控制在对服务消费者（对服务已形成依赖性）影响和中断最小的条件下执行，我们需要正式的服务版本控制流程。

有不同的版本控制策略，每个策略在管理服务反向和前向兼容性时引入自己的一套规则和优先级。（如第 10 章基本覆盖了 Web 服务和 REST 服务的常见服务版本控制方法）。

4.4.14 项目阶段和组织角色

图 4-31 重温了 SOA 项目阶段，并将它们映射到常见的组织角色。这些角色的描述可参见《 SOA Governance : Governing Shared Services Dn-Premise & in the Cloud 》。

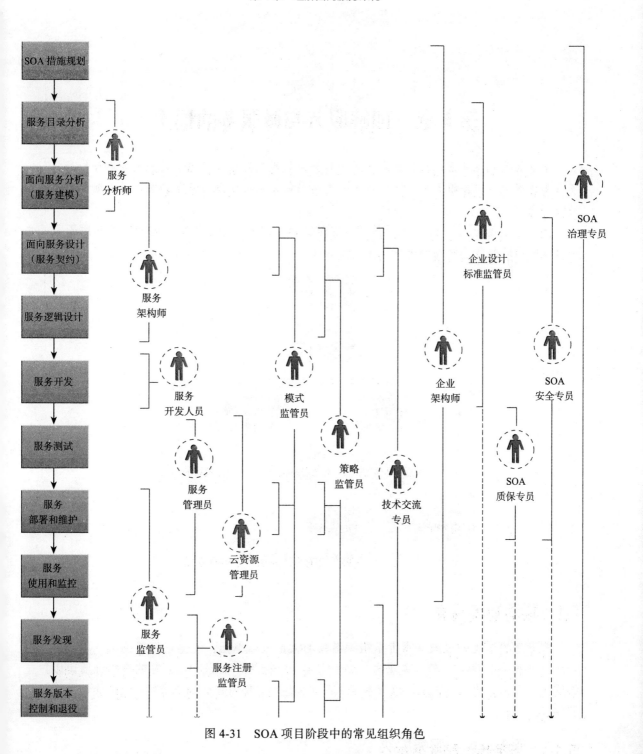

图 4-31　SOA 项目阶段中的常见组织角色

第 5 章 理解服务与微服务的层次

本章简要概述了面向服务范式和面向服务架构模型的核心，即识别和聚合不可知和非不可知逻辑为可组合的单元。这些单元代表共同定义和实现面向服务解决方案原则上可移动的部分。

接下来的部分通过强调一系列原始过程步骤探讨这一主题领域，因为它们应用于服务建模和后续服务设计的早期阶段（见图 5-1）。

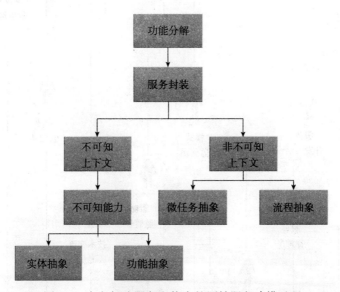

图 5-1 定义候选服务和能力的原始服务建模过程

5.1 服务层次简介

服务建模过程的目的基本上是组织潜在的大量逻辑单元，使得它们最终可以重新组装成面向服务的解决方案。实现这一过程需要一组标签，根据这组标签的逻辑性质可以将这些单元分组和分类成层。以下术语（所有这些术语都将在后续章节中引用）会帮助我们完成此目标。

5.1.1 服务模型和服务层次

服务模型是一种用来指示服务属于若干预定义类型之一的分类，该分类基于其包含的逻辑类型、逻辑的重用潜力以及服务如何可以与实际业务逻辑元素相关，这将有助于自动化。

下面是常见的服务模型：

- **任务服务**——具有通常对应于单一用途的父业务流程逻辑的非不可知的功能上下文服务。任务服务通常会封装组成多个其他服务以完成其任务所需的组合逻辑。
- **微服务**——一种非不可知服务，通常包含特定处理和实现需求的逻辑小功能范围。微服务逻辑通常不可重用，但可以具有解决方案内复用潜力。逻辑性质也许会变化。
- **实体服务**——具有与一个或多个相关业务实体（例如发票、客户或索赔）相关联的不可知功能上下文的可重用服务。例如，"采购订单"服务具有与采购订单相关数据和逻辑处理相关联的功能上下文。
- **公共服务**——虽然是具有不可知功能上下文的可重用服务，但这种类型的服务并不是从业务分析规范和模型中得出的。它封装了底层的技术中心功能，例如通知、日志记录和安全处理。

注意

一种任务服务模型的变体称之为编排任务服务，它执行与任务服务相同的总体功能，但通常负责包含广泛的编排逻辑，其可以涉及不同的技术和中间件。本书未涵盖编排任务服务。

即使微服务可以包含可重用逻辑，它依然被认为是一个非不可知的服务，因为它的逻辑可能具备的任何复用潜力通常局限于在应用程序自动化的父业务流程逻辑内重用。对于被认为是不可知的服务，它必须包含可能由多个业务流程重用的逻辑。

给定的服务目录通常包含多个服务，这些服务按照每种服务模型来分组。这些分组中的每一个组称为服务层（见图 5-2）。

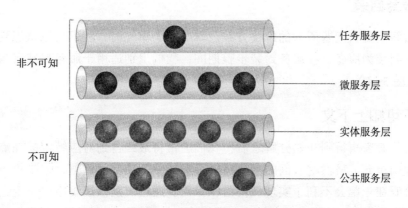

图 5-2　常见的服务层，每层均基于服务模型

5.1.2 服务和候选服务能力

接下来的过程强调在实际构建服务逻辑之前对服务逻辑进行建模。在这个早期阶段，我们从基本上概念化服务及其能力，这就是为什么用"候选"这个词来限定它们是有用的。术语"候选服务"和"候选服务能力"用于区分概念化的服务逻辑与已经实现的服务逻辑。这种区别很重要，特别是在尚未被概念化的候选服务逻辑可能会进一步受到实际因素影响的情况下，这些实际因素在服务设计和开发期间会引起一些额外变化。

5.2 分解业务问题

典型的起点称为"业务问题"，其可以是需要自动化解决方案的任何业务任务或过程。为了应用面向服务，首先将业务流程在功能上分解为一组细粒度操作。这使我们能够识别可能成为服务和服务能力基础的潜在功能上下文和边界。在这个初始分解阶段，我们将业务流程操作组织为两个主要类别：不可知的和非不可知的。

5.2.1 功能分解

关注点分离原理是基于已建立的软件工程原理的，而软件工程原理能够促进将较大问题分解成较小问题（称为"关注点"），对应这些小问题可以建立解决方案逻辑的相应单元。基本原理是将一个大问题（像执行业务流程此类的问题）分成更小部分时，可以更容易、更有效地解决。构建的每个解决方案逻辑单元作为一个独立的逻辑体，它负责解决一个或多个可识别的较小问题（见图 5-3）。这种设计方法形成了分布式计算的基础。

5.2.2 服务封装

当评估解决更大问题所需的解决方案逻辑的单个单元时，我们可以认识到，仅逻辑子集适合于封装为服务。在服务封装步骤期间，我们识别适用于服务封装所需逻辑的各个部分（见图 5-4）。

5.2.3 不可知上下文

在解决方案逻辑得到初始分解之后，我们通常将最终得到对应特定关注点的一系列解决方案逻辑单元。虽然这里面的一些逻辑可能能够解决其他问题，但是将单用途和多用途逻辑分组在一起会不利于实现任何潜在重用。通过识别该逻辑中非特定已知问题的部分，我们能够将适当的逻辑分离并重新组织成一组不可知的上下文（见图 5-5）。

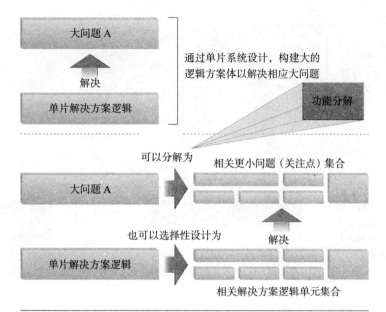

图 5-3　较大的问题分解为多个更小的问题。后面的步骤专注于解决这些较小问题的解决方案逻辑单元的定义

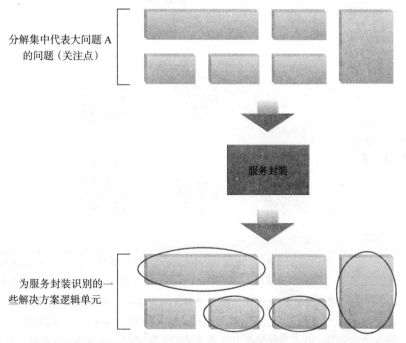

图 5-4　识别出的一些不适用于服务封装的分解解决方案逻辑。突出显示的块表示适用于服务封装的逻辑

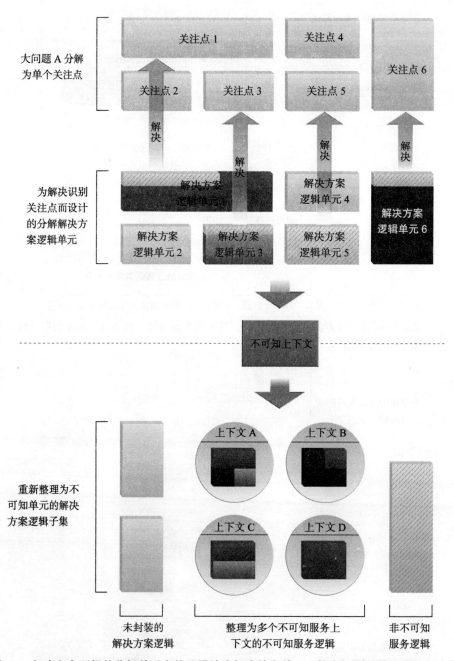

图 5-5 解决方案逻辑的分解单元自然地设计为解决特定单一、较大问题的关注点。解决方案逻辑单元 1、3 和 6 表达了这样的逻辑，包含在单一目的（单一关注点）上下文中的多用途功能。此步骤导致解决方案逻辑的子集被进一步分解并分布到具有特定不可知上下文的服务中

5.2.4　不可知能力

在每个不可知服务上下文中，逻辑将进一步组织成一组不可知的服务能力。事实上，是解决独立关注点的服务能力。因为它们是不可知的，所以能力是多用途的，可以重复使用以解决多个问题（见图 5-6）。

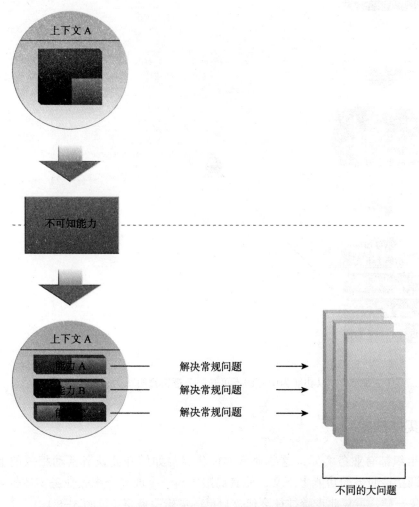

图 5-6　定义了一组不可知的服务能力，每个都能够解决常规问题

5.2.5　功能抽象

下一步是分离非特定业务流程或业务实体的常用、交叉功能。这建立了专用的不可知功能上下文，其局限于对应公共服务模型的逻辑。在服务目录中重复此步骤可以创建多个公共程序候选服务，并因此创建逻辑公共服务层（见图 5-7）。

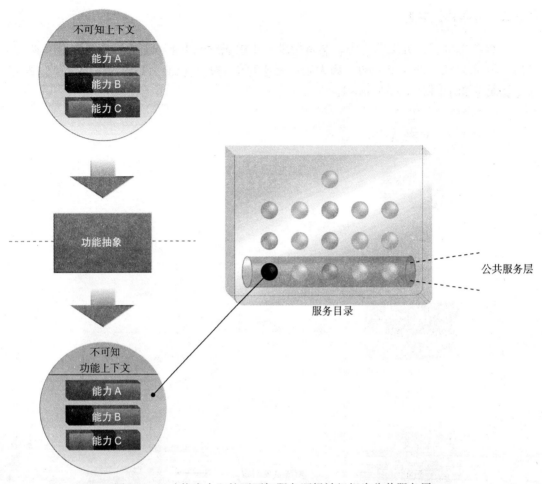

图 5-7 以功能为中心的不可知服务逻辑被组织为公共服务层

5.2.6 实体抽象

每个组织都有业务实体,这些业务实体代表与如何开展业务活动相关的关键部件。此步骤强调塑造服务的功能上下文,使其局限于与一个或多个相关业务实体相关的逻辑。与功能抽象一样,重复此步骤往往会建立自己的逻辑服务层(见图 5-8)。

5.2.7 非不可知上下文

迄今为止基本服务识别和定义工作已经集中在多用途或不可知服务逻辑的分离上了。在多用途逻辑分离之后剩余的是针对业务流程的逻辑。因为这个逻辑在本质上是单一目的的,所以归类为非不可知逻辑(见图 5-9)。

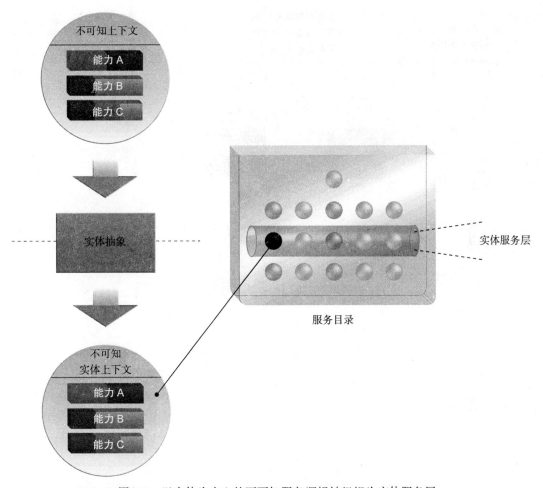

图 5-8　以实体为中心的不可知服务逻辑被组织为实体服务层

5.2.8　微任务抽象和微服务

在审查可用的非不可知逻辑时，可以明显看出该逻辑的子集（或"微任务"）可能具有特殊性能或可靠性需求。这种类型的处理逻辑可以抽象成单独的服务层，这个服务层可以从微服务的不同实现特性中受益（见图 5-10）。

5.2.9　流程抽象和任务服务

将其余针对业务流程的逻辑抽象到其自己的服务层中通常会创建任务服务，其范围通常局限于父业务流程（见图 5-11）。通常由任务服务封装的逻辑类型是决策逻辑、组合逻辑，以及对负责自动化业务流程独有的其他形式的逻辑。这种责任通常使任务服务控制整个服务组合的执行，这种角色称为组合控制器。

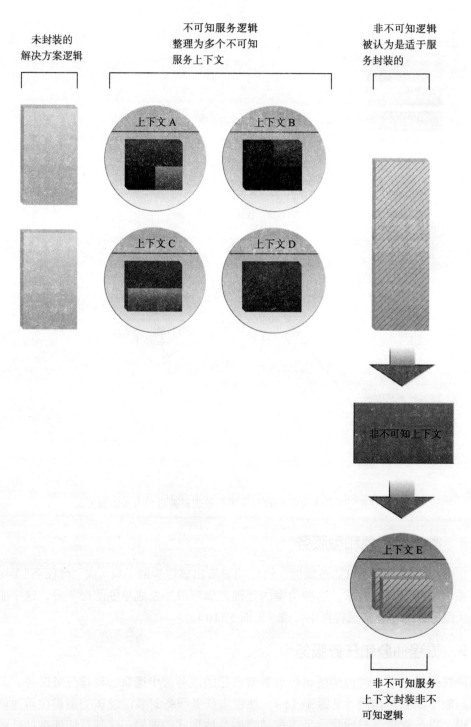

图 5-9 重新回到分解步骤，剩余的服务逻辑现在可以分类为非不可知的

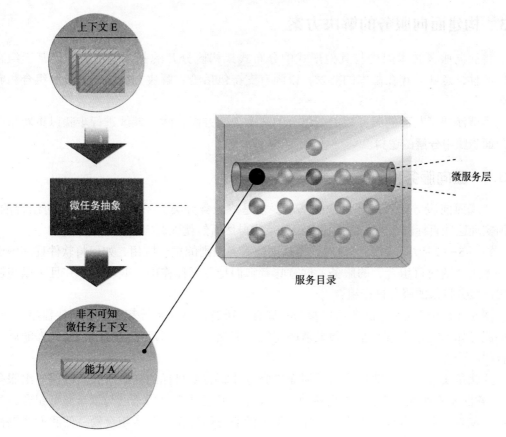

图 5-10　选择被分解成候选微服务的非不可知逻辑

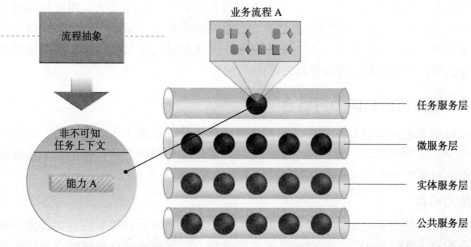

图 5-11　任务服务代表父服务层的一部分，并负责封装针对父业务流程的剩余逻辑

5.3 构建面向服务的解决方案

将面向服务技术架构与其他形式的分布式架构区分开的基本特征之一是基于组合的中心性，意味着存在基本的要求，以固有支持包括给定解决方案移动部分的组合和再组合。

本节涵盖了与面向服务相关的组合的几个关键方面，然后继续进行步骤以重新组合在前面步骤中分解的逻辑。

5.3.1 面向服务和服务组合

实现面向服务计算战略目标的基本要求是将服务分类为不可知的且固有可组合的。作为实现这些目标的手段，面向服务设计范式自然而然就强调实现灵活的组合。

如图 5-12 所示，我们可以看到遵从面向服务原则的集合应用，如何将软件程序塑造为基本上"随时可组合"的服务，这意味着它们是可互操作的、兼容的，并且可以与属于相同服务目录的服务进行组合。

图 5-12 不仅说明了服务可以参与的聚合。所有分布式系统都由聚合软件程序组成。面向服务如何定位不可知服务最显著的特征，那就是，它们是可重复组合且允许随后再组合的。

这就是实现组织敏捷性作为采用面向服务计算主要目标的核心所在。确保一组服务（在服务目录所确定的范围内）自然地可互操作，并设计为可用于参与复杂服务组合，通过增加现有服务组合或以更少的工作量和更低费用创建新的服务组合物，使我们能够满足新的业务需求并自动化新的业务流程（见图 5-13）。这种目标状态是面向服务计算减少 IT 负担目标的原因。

在 8 个面向服务设计原则中，有 1 个与服务组合设计密切相关。服务可组合性原则专用于将服务塑造成有效的组合参与者。所有其他原则支持服务可组合性以便实现这一目标（见图 5-14）。事实上，作为监管原则，主要通过确保其他 7 个原则的设计目标得到充分实现，使得服务可组合性得以应用。

5.3.2 能力组合和能力再组合

到目前为止，在流程步骤中，逻辑只被分成单独的功能上下文和能力。这为我们提供了一个定义明确的组件池，从中我们可以组装自动化解决方案。接下来的步骤集中在通过组合和再组合候选服务能力来执行这个构建过程（见图 5-15）。

能力组合

候选服务能力有序排列，以便将分解的服务逻辑组装成能够解决特定较大问题的特定服务组合（见图 5-16）。确定要调用的服务能力以及按照什么顺序组合的许多逻辑通常驻留在任务服务内。

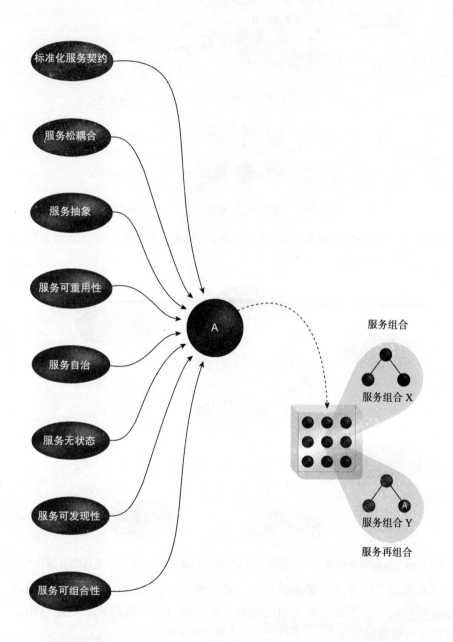

图 5-12　服务 A（中间）是通过应用面向服务设计原理而形成面向服务逻辑单元的软件程序。
　　　　服务 A 在服务目录中交付，服务目录包含也应用了面向服务原则的服务集合。结
　　　　果是服务 A 可以最初参与组合 X，并且更重要的是可以随后根据需要被拉入组合 Y
　　　　和附加的服务组合中

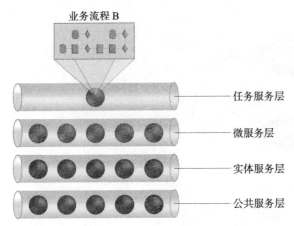

图 5-13 与之前相同的实体和公共服务层，现在可用于由不同组的非不可知候选服务组成，以支持新业务流程的自动化

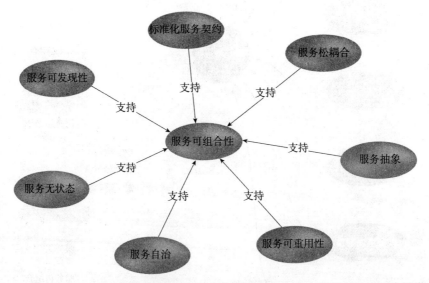

图 5-14 所有面向服务设计原则的共同目标是形成服务，以支持更高的可组合性潜力

除了形成用于服务功能基本聚合的基础之外，该步骤强化了功能服务边界，通过要求一个需要访问其上下文之外逻辑的服务，通过组合另一服务来访问该逻辑。此要求避免了服务之间的逻辑冗余。

能力组合与微服务

放置在微服务中的逻辑类型通常具有特定的性能和 / 或可靠性要求。因此微服务模型可以引入能够优化以支持特殊处理需求的不同实现环境的需要。微服务实现通常是高度自治的，以便最小化对它们功能边界之外资源的依赖性，这种依赖性可能让它们的处理需求无法得到满足。

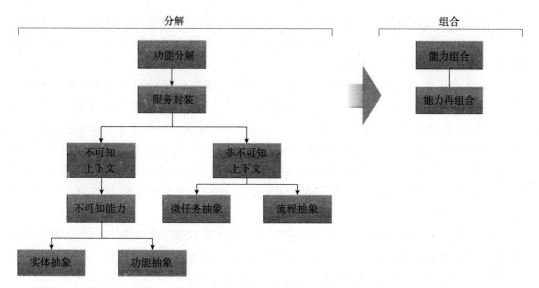

图 5-15 继业务问题分解为服务逻辑单元后，我们将重点考虑如何将这些单元组合为面向服务解决方案

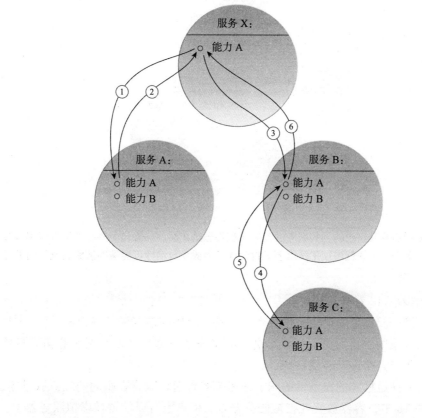

图 5-16 尽管通常被称为服务组合，但彼此组成的服务实际上是通过其各自的服务能力来实现的

　　因此，当微服务需要访问其他资源时，这些资源可以被复制或冗余地实现，成为微服务本地处理范围的一部分。因此，当确定微服务需要组合另一服务时，可以冗余地实现组合服务并与微服务一起部署。

　　让我们假设图 5-16 中的服务 B 是一个微服务，服务 C 是一个由微服务组成的公共服务。图 5-16 提供的逻辑视图将保持不变。然而，这种组合架构的物理视图会变化，这取决于微服务实现环境所使用的技术。例如，图 5-17 显示了微服务和公共服务如何在同一部署包中部署并放置到专用虚拟服务器上。图 5-18 通过将服务与容器中的系统文件和库进行物理分组，将此步骤更进一步推进。在任一架构中，同一个公共服务可以在当前解决方案和其他解决方案的各种其他能力中使用，但该公共服务也会被特别冗余地部署以支持一个微服务。

　　注意，图 5-17 和图 5-18 描绘了通常与微服务实现相关联的架构。部署包和容器化技术也可以用于基于其他服务模型的服务或用于非面向服务的整体解决方案。由于微服务支持专用处理或部署要求的典型需求，通常对专用底层主机环境和资源的需求更大。

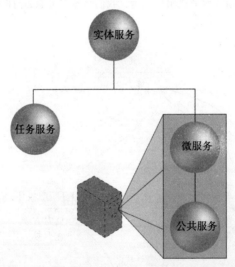

图 5-17　微服务及其组合的公共服务的冗余实现被分组在同一部署包中并放置在专用虚拟服务器上。这样就增加了微服务的自治性，微服务自治性可能需要满足其专门的处理要求

这些架构存在许多变体。例如：

❑ 打包在同一部署包中的服务也许可以实现流程内或流程外的通信。

❑ 在前面场景中的微服务可以组合公共服务来访问底层资源，或者它可以忽略服务松耦合原则直接访问底层资源。

❑ 只要可以满足相应的自治性需求，多个部署包可以放置在相同的虚拟服务器上。

❑ 在图 5-18 中，容器放置在物理服务器上，但它也可以放置在虚拟服务器上。

❑ 若要实现各自部署包中服务和资源之间的通信，一个容器承管多个部署包还是让人很期待的。

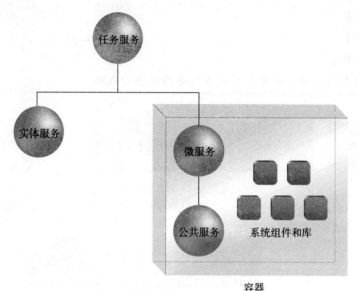

图 5-18　微服务和公共服务的冗余实现被放置在一个包含系统组件和库的容器内。这是一个如何使用容器化技术进一步提高服务自治性和机动性的例子。自治性提升的程度取决于容器中所包含的服务可能需要调用的外部资源冗余实现程度

虽然本书没有介绍微服务架构和相关技术，但是微服务部署和容器化模式的摘要简介在附录 C 中有写，建议阅读。这些模式以及其他相关模式也可以在 www.soapatterrns.org 的服务实现模式类别中访问。

能力再组合

如前所述，服务再组合是面向服务计算的基本和独特目标。该步骤具体处理通过服务能力的重复组合来实现服务的反复调用。图 5-19 中所示的关系图突出显示了上述步骤如何从根本上制造服务能力再组合的机会。

SOA 模式

本章探讨的步骤对应相同名称的 SOA 模式：

- 功能分解
- 服务封装
- 不可知上下文
- 不可知能力
- 功能抽象
- 实体抽象

- 非不可知上下文
- 微任务抽象
- 流程抽象
- 能力组合
- 能力再组合

将这些模式有序地组合可以形成原始建模过程的基础。

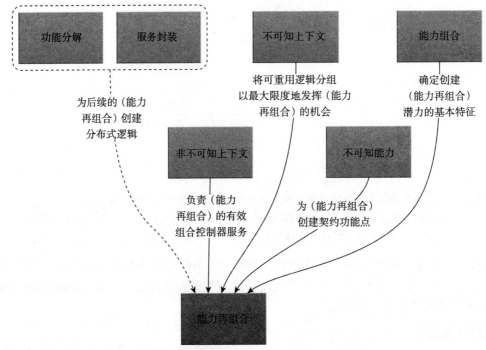

图 5-19 服务的反复组合是面向服务的核心

5.3.3 逻辑集中与服务规范化

随着更多的服务被添加到服务目录，需要特别注意相应的服务边界。这就引入了服务规范化的概念。服务边界在功能基础上定义，为避免功能重叠，首先从现有的服务功能边界来分析引入服务目录中新逻辑的一致性。功能重叠导致冗余逻辑，当业务需求改变时，还会导致维护成本的持续增加。它可能进一步引发治理和配置管理问题，特别是在冗余逻辑由组织内不同小组拥有的情况下。

在服务目录中，功能重叠越少，冗余逻辑就越少，服务目录规范化就越强。逻辑集中化是一种通过以单一、规范化服务的形式集中逻辑来支持服务规范化的技术（见图 5-20）。

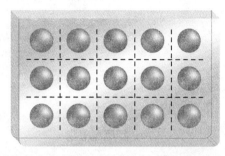

规范化
服务目录

图 5-20　服务目录包含已发布物理契约的服务。每个服务具有不同的功能边界，与其他服务
　　　　 互补，并且不重叠（理想程度上）

SOA 模式

　　服务规范化和逻辑集中化分别由服务规范化和逻辑集中化模式表示。

　　当应用服务规范化支持 Web 服务时，创建各个物理契约（WSDL 和 XML Schema 定义）之前就对服务进行集中建模。这为每个 Web 服务边界提供了制定计划的机会，以确保它不与其他服务重叠。

　　因为在 REST 服务实现中，服务契约并未与服务架构和逻辑一起"打包"，所以 IT 部门中的其他人向服务目录中添加新 REST 服务相对容易一些，特别是在没有"契约第一"设计方法的情况下。这样易于产生具备资源标识符、能够执行现有 REST 服务提供的冗余功能的服务能力。类似地，新的 REST 服务可能会无意添加属于现有 REST 实体服务功能上下文的实体服务能力。此问题也可以通过应用服务规范化来解决。规范化以 REST 为中心的服务目录需要前期分析、已建立的治理实践以及要应用的"全部目录"视图。规范化使服务消费者更容易找到并正确地使用它们所需的一致性功能，即逻辑分区的 REST 服务能力空间被分组到不同的功能上下文中。

第二部分

面向服务的分析与设计

第6章　Web服务及微服务的分析与建模

本章讲述了对候选 Web 服务进行建模的详细分步过程。

6.1　Web 服务建模过程

服务建模过程基本上可以视为一种练习，即组织 4.4.5 节父过程的步骤 1、2 中我们所收集的信息的练习。图 6-1 提供了适用于进一步定制 Web 服务的通用服务建模过程。本章通过描述每个步骤并进一步提供案例研究，遵循此通用服务建模过程。

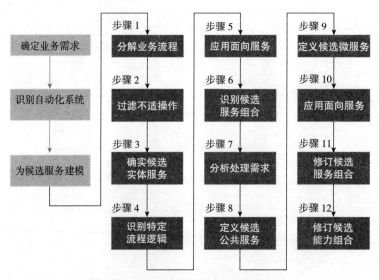

图 6-1　Web 服务的示例服务建模过程

案例研究

　　TLS 以合同形式外包了一些员工来执行各种类型的专业维护工作。当这些员工填写每周时数表时，他们需要确定花费在客户网站各部分的时间。目前，客户计费时间由 A/R 决定，A/R 从预约时间表手动输入时间，预约时间表在时间表提交前发布。

　　员工时间表输入与账单时间不匹配时，客户发票上会出现差异。为了解决这个问题，简化整个过程，TLS 决定将其第三方时间跟踪系统与其大型分布式会计解决方案集成。

由此产生的时间表提交业务流程如图 6-2 所示。基本上，TLS 从外包员工处接收的每个时间表均需要经过一系列验证步骤。若时间表认证成功，提交时间表，流程结束。任何认证失败的时间表在流程结束前均会增加一个分离的拒绝步骤。

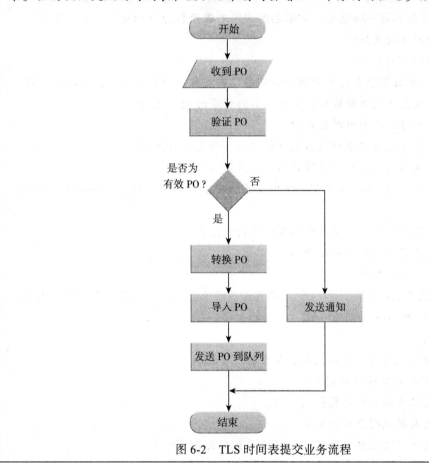

图 6-2　TLS 时间表提交业务流程

6.1.1　步骤 1：分解业务流程（使之成为细粒度操作）

我们开始采取文件化业务流程，并将其分解为一系列细粒度流程步骤。业务流程工作流逻辑需要分解成其处理步骤的最细粒度，这可能不同于最初记录流程步骤的粒度级别。

案例研究

以下是当前业务流程步骤的分解：

1. 收到时间表。

2. 认证时间表。

---

3. 若时间表经过验证，提交时间表并结束流程。

4. 拒绝提交时间表。

虽然此时它只包括4个步骤，但是这个业务流程还有更多步骤。当TLS团队分解流程逻辑时，会显示详细信息。从**收到时间表**步骤开始，分为两个较小的步骤：

1a. 收到物理时间表文件。

1b. 启动提交时间表。

验证时间表步骤实际上是其自身的子流程，因此可以细分为以下更详细的步骤：

2a. 将时间表上记录的时数与向客户收取的计费时数进行比较。

2b. 确认所有记录的加班时数已授权。

2c. 确认任何特定项目记录时数不超过该项目预定义时数限制。

2d. 确认记录的每周总时数不超过该员工预定义最大时数。

在后续分析中，TLS进一步发现**拒绝时间表提交**流程步骤可以分解为以下更详细的步骤：

4a. 更新员工的配置文件记录以跟踪拒绝的时间表。

4b. 向员工发出时间表拒绝通知消息。

4c. 发送通知给员工经理。

深入研究了原本的流程后，TLS现在有更多的流程。它将这些步骤组织成扩展的业务流程工作流（见图6-3）：

- 收到时间表。
- 对比时间表上记录的时数与向客户收取的计费时数。

若时数不匹配则拒绝提交时间表。

- 确认所有记录加班时数已授权认证。
- 若认证失败则拒绝提交时间表。
- 确认任何特定项目记录时数不超过该项目预定义时数限制。
- 确认记录每周总时数不超过该工人预定义时数最大值。
- 若记录时数确认失败，拒绝提交时间表。
- 拒绝提交时间表。
- 生成拒绝理由信息。
- 发送拒绝时间表通知给员工。
- 发送通知给员工经理。
- 若时间表通过验证，提交时间表并结束流程。

最后，TLS将业务流程逻辑进一步简化为以下粒度操作集：

- 收到时间表。
- 启动提交时间表。

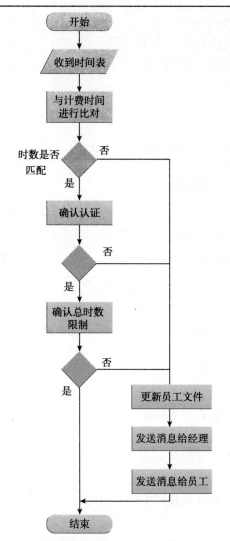

图 6-3　修订后的 TLS 时间表提交业务流程

- 获取客户在日期范围的记录时数。
- 获取客户在日期范围的计费时数。
- 将记录时数与计费时数进行比较。
- 若时数不匹配，拒绝提交时间表。
- 获取日期范围内的加班时间。
- 获取认证。
- 确认认证。
- 若认证确认失败，拒绝提交时间表。

- 获取每周时数限制。
- 将每周时数限制与记录时数进行比较。
- 若记录时数确认失败，拒绝提交时间表。
- 更新员工历史记录。
- 发送消息至员工。
- 发送消息至经理。
- 若时间表通过验证，提交时间表并结束流程。

6.1.2　步骤 2：过滤不适操作

业务流程中一些步骤很容易被识别为不属于本应由候选服务封装的潜在逻辑。这些流程包括不能或不应被自动化的手动流程步骤，以及不进行候选服务封装的现有遗留逻辑执行的流程步骤。过滤掉这些部分，就只剩下与服务建模过程关系密切的处理步骤了。

案例研究

在检查每个业务流程步骤之后，那些不能作为或不属于面向服务解决方案的步骤将被删除。以下列表再次展示分解操作。第一个操作被删除，因为它是由会计员手动执行的。

- 收到时间表。
- 启动提交时间表。
- 获取客户在日期范围的记录时数。
- 获取客户在日期范围的计费时数。
- 将记录时数与计费时数进行比较。
- 若时数不匹配，则拒绝提交时间表。
- 获取日期范围内的加班时数。
- 获取认证。
- 确认认证。
- 若认证确认失败，则拒绝提交时间表。
- 获取每周时数限制。
- 将每周时数限制与记录时数进行比较。
- 若记录时数确认失败，则拒绝提交时间表。
- 更新员工历史记录。
- 发送消息至员工。
- 发送消息至经理。
- 若时间表已验证，提交时间表并结束进程。
- 剩余的每个操作被视为一个候选服务能力。

6.1.3　步骤 3：定义候选实体服务

查看保留的处理步骤，并确定能够与这些步骤匹配的一个或多个逻辑上下文。每个上下文代表一个候选服务。最终得到的上下文将取决于你选择构建的业务服务类型。例如，任务服务需要针对流程的上下文，而实体服务根据它们与先前定义实体的关系需要分组处理步骤。SOA 也可以由这些业务服务类型组合而组成。重要的是，不要关心每个组中有多少步骤。这个练习的主要目的是建立所需的上下文集合。

为候选实体服务提供额外的候选能力，以便未来重用。因此，可以扩展该步骤范围以包括对额外候选服务能力的分析，虽然当前业务流程不需要，但又可以被添加到具有一组完整可重用操作的整合实体服务中。

案例研究

TLS 业务分析师通过生成与时间表提交业务流程逻辑（见图 6-4）

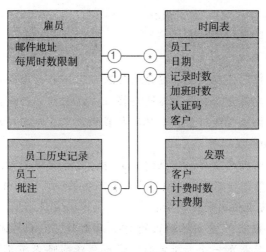

图 6-4　TLS 实体模型展示了与时间表提交业务流程相关的业务实体

相关的实体模型来支持服务建模工作。

TLS 团队研究此模型以及先前分析步骤期间识别的粒度候选服务能力列表。他们随后识别到被认为不可知的候选服务能力。所有被分类为非不可知的，以粗体显示如下：

- **启动提交时间表。**
- 获取客户在日期范围的记录时数。
- 获取客户在日期范围的计费时数。
- **将记录时数与计费时数进行比较。**
- **若时数不匹配，则拒绝提交时间表。**
- 获取日期范围内的加班时数。

- **获取认证。**
- **若认证确认失败，则拒绝提交时间表。**
- **获取每周时数限制。**
- **将每周时数限制与记录时数进行比较。**
- **若记录时数确认失败，则拒绝提交时间表。**
- **更新员工历史记录。**
- **发送消息至员工。**
- **发送消息至经理。**
- **若时间表经过验证，提交时间表并结束流程。**

首先，查看时间表实体。该实体认证一个相应的候选实体服务，通常称为"时间表"。根据属性分析，TLS进一步决定以下候选服务能力应该与候选实体服务分在同一分组中。

- **获取客户在日期范围的记录时数。**
- **获取日期范围内的加班时数。**
- **获取认证。**

然而，在后续分析时，确定可以通过移除日期范围作为唯一查询标准的需求使得前两个候选能力得到更多重用。尽管这个特定业务流程将始终提供日期范围，但业务分析师指出，希望其他流程能够基于其他参数提供记录或加班时数。结果是一组修订候选能力，如图6-5所示。

分析人员然后查看发票实体。他们再次同意，这个实体应该作为一个独立的候选实体服务。他们将此服务命名为"发票"，并为其分配以下候选能力：

- **获取客户在日期范围的计费时数。**

当再次考虑具备服务可重用性的面向服务原则时，分析人员决定通过更改所选候选能力的功能，然后添加一个新功能以扩大此候选服务的范围，如图6-6所示。现在，服务消费者可以分别检索与发票相关的客户信息和计费时间信息。

图6-5 "时间表"候选服务

图6-6 "发票"候选服务

接下来审查员工和员工历史记录实体。因为它们彼此密切相关，所以合起来可以由称为"员工"的单个候选实体服务来表示。分配两个候选服务能力后引出候选服务定义，如图 6-7 中所示。

　　TLS 团队还考虑将"发送通知"候选服务能力添加到"员工"候选服务，但随后确定该功能最好分开并列入候选公共服务。

　　结果，剩下的两个操作一直被搁置，直到此流程后期公共服务定义之后。

- 发送消息给雇员。
- 发送消息给经理。

图 6-7　"员工"候选服务

6.1.4　步骤 4：识别特定流程逻辑

　　完成步骤 3 之后，业务流程逻辑的任何部分将被分类为非不可知或特定于业务流程的。属于此类别的常见类型操作包括业务规则、条件逻辑、异常逻辑以及用于执行单个业务流程操作的序列逻辑。

　　注意，并非所有非不可知操作都必须成为候选服务能力。许多特定流程操作代表了在服务逻辑内执行的决策逻辑和其他形式的处理。

注意

　　也许存在关于识别非不可知逻辑的足够信息，以确定该逻辑的任何部分是否适合由一个或多个微服务封装。在这种情况下，候选微服务可以与候选任务服务一起被定义为该步骤的一部分。但是，建议等到步骤 9 时才正式定义此解决方案的必要微服务，因为接下来的服务建模步骤可以识别其他非不可知逻辑，并可进一步帮助定义解决方案实现和处理要求。

案例研究

以下操作是针对时间表提交业务流程的，因此被认为是非不可知的：

- 启动提交时间表。
- 将记录时数与计费时数进行比较。
- 若时数不匹配，则拒绝提交时间表。
- 确认认证。
- 若认证确认失败，则拒绝提交时间表。
- 将每周时数限制与记录时数进行比较。
- 若记录时数确认失败，则拒绝提交时间表。
- 若时间表经过验证，提交时间表并结束流程。

启动"时间表提交"操作形成候选服务能力的基础，如接下来的"时间表提交"候选任务服务描述中所解释的。

剩余操作都使用粗体，表示在执行启动"时间表提交"操作时（在重命名为启动候选服务能力时，如图 6-8 所示）"时间表提交"任务服务中执行的逻辑。

图 6-8　具有单一服务能力的"时间表提交"候选服务拉开了"时间表提交"业务流程自动化帷幕

6.1.5　步骤 5：应用面向服务

这一步让我们有机会调整并应用关键的面向服务原则。根据我们对于在给定候选服务内需要的特定内涵逻辑的洞察，我们有机会进一步扩大候选服务范围和结构。诸如服务松耦合、服务抽象和服务自治等原则可以在此阶段作适当考虑。

注意
尤其是服务自治原则的应用可能会引起一些顾虑，因为一些已标识的逻辑需要被封装在微服务中。在这种情况下，候选微服务可以被定义为本步骤的一部分，在步骤 9 中我们会正式定义微服务且对其进行进一步审查。

6.1.6　步骤 6：识别候选服务组合

标识可在业务流程边界内发生的一组最常见的方案。对于每个场景，请按照现有的处理步骤进行操作。

此练习完成以下操作：

- ❑ 为流程步骤如何适当分组提供洞察力。
- ❑ 演示任务和实体服务层之间的潜在关系。
- ❑ 标识潜在的服务组合。
- ❑ 突出显示所有缺失工作流逻辑或处理步骤。

确保将涉及异常处理逻辑的故障条件也作为所选方案的一部分。注意，在此处建立的所有服务层均是初步的，并且在设计过程中需要进行修订。

案例研究

图 6-9 显示了由任务和候选实体服务组成的初步候选服务组合。此组合模型是 TLS 团队绘制的各种组合情景的结果，用于在执行"时间表提交"流程自动化时探查不同的成功和失败条件。

图 6-9　一览在该阶段中探究形成各种服务交互场景的候选服务组合层级

在该候选服务组合边界内映射不同服务活动，结果让 TLS 深信，迄今为止识别的非不可知流程逻辑不会再缺失。

6.1.7　步骤 7: 分析处理需求

在步骤 6 末尾，会创建一个以业务为中心的服务层视图。该视图将候选公共服务和候选业务服务完美展现出来，但目前重点放在了代表业务流程逻辑上。

本步骤和接下来的步骤就要求我们识别和解剖候选服务的基本处理和实现需求。我们这样做是为了抽象所有进一步以技术为中心的服务逻辑，这些逻辑也许会涉及有关微服务的内容，也许还会添加到公共服务层。为了实现这一点，需要对目前所识别的每个处理步骤进行微分析。

具体来说，我们需要确定:

❑ 需要执行哪些底层处理逻辑以处理给定候选服务能力描述的操作。

❑ 所需的处理逻辑是否已存在或者是否需要新开发。

❑ 处理逻辑可能需要访问的服务边界外部资源，例如共享数据库、存储库、目录、遗留系统等。

❑ 所有识别的处理逻辑是否具有专业或关键性能或可靠性要求。

❑ 所识别的处理逻辑是否具有任何专业或关键实现或环境要求。

注意，在 4.4.5 节父过程步骤 2 中收集的任何信息均可在此处用作参考。

案例研究

通过评估所识别的候选服务和整个业务流程逻辑处理要求，TLS 团队确认"发送消息至员工"和"发送消息至经理"操作将要被封装为公共服务层的一部分。基于已知处理需求和最终服务实现环境的可用信息，它们无法识别任何进一步以公共服务为

中心的逻辑。

在审查当前"时间表提交"任务服务范围内的非不可知流程逻辑时，架构师意识到处理需求中存在差异。尤其是"确认认证"操作包含了访问专有清算存储库所需的逻辑。与性能和故障转移相关的非不可知流程逻辑的其余部分相比，此交互具有明显更高的 SLA 需求。

将此逻辑与作为"时间表提交"任务服务一部分的其他逻辑分为一组可能会使此逻辑无法按照其所需的度量标准执行。因此，建议将其分为一个或多个候选微服务，这将最终受益于能够保证所需性能和故障转移需求高度自治实现的类型。

6.1.8　步骤 8：定义候选公共服务

在这一步中，我们将每个不可知处理逻辑单元分解为一系列细粒度操作。我们需要明确给这些操作加标签，以便它们引用各自正在执行的函数。理想情况下，我们不会引用正在识别给定函数的业务流程步骤。

根据预定义上下文将这些处理步骤分组。对于候选公共服务，主要上下文其实是候选能力之间的逻辑关系。这种关系可以基于诸多因素，包括：

- 与特定遗留系统的关联。
- 与一个或多个解决方案组件的关联。
- 根据函数类型进行的逻辑分组。

在候选服务经过面向服务设计过程之后，又需要考虑各种其他问题了。现在，这个分组建立了一个初步的公共服务层。

案例研究

在评估那些可能符合公共服务模型的逻辑处理需求之后，TLS 团队重新访问"发送消息至员工"和"发送消息至经理"操作，并将它们分组成新的可重用公共服务，简称为"通知"。

为了使候选服务更易可重用，我们将两个候选能力合并为一个，如图 6-10 所示。

图 6-10　"通知"候选服务

注意

　　建模候选公共服务比建模候选实体服务更加困难。与基于文件化企业业务模型和规范（例如分类法、本体、实体关系等）功能上下文和边界的实体服务不同，通常不存在用于应用逻辑这样的模型。因此，在服务目录分析周期迭代期间连续地修改候选公共服务的功能范围和上下文是很普遍的。

6.1.9　步骤 9：定义候选微服务

　　现在我们将注意力转向先前识别的非不可知处理逻辑，以确定是否存在适于被单独微服务封装的逻辑单元。如第 4 章所讨论的，微服务模型可以引入高度独立和自治的服务实现架构，其可适用于具有特定处理需求的逻辑单元。

　　典型因素包括：

- ❑ 增加自治需求。
- ❑ 具体运行时性能需求。
- ❑ 具体运行时可靠性或故障转移需求。
- ❑ 特定服务的版本控制和部署需求。

　　特别注意，由于特定实现需要，使用基于 SOAP 的 Web 服务可能不适用于微服务，即使它们被识别为以 Web 服务为中心服务建模过程的一部分。SOA 架构师可以选择使用实现技术变体来构建微服务，这可能引入不同或专有的通信协议。

SOA 模式

　　双协议模式提供了具有相同服务目录且支持主要和次要通信协议的标准化方式。

案例研究

　　"确认认证"操作作为"时间表提交"候选任务服务逻辑的一部分被分割以形成"确认认证"候选微服务的基础（见图 6-11），即通过"认证"候选能力执行该逻辑的 REST 服务。更多关于区分 REST 服务的服务建模步骤信息，见第 7 章。

图 6-11　"确认认证"候选服务

6.1.10 步骤 10：应用面向服务

该步骤重述了步骤 7，在此所讲到的是专门用于所有随着步骤 8、9 的完成而出现的任何新的候选公共服务。

6.1.11 步骤 11：修订候选服务组合

重新审视步骤 6 中确定的原始方案并再次运行这些方案，这次还要合并新的公共服务和候选能力。这将产生精心策划的活动映射，使扩展服务组合成为现实。在此练习期间，务必追踪候选业务服务如何映射到底层候选公共服务。

案例研究

随着"通知"公共服务和"验证时间 表"微服务的引入，"时间表提交"组合层次显著改变，如图 6-12 所示。

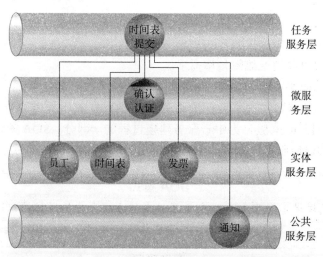

图 6-12　已修订的候选服务组融合了新的公共服务和微服务

6.1.12 步骤 12：修订候选能力分组

执行来自步骤 11 的活动场景映射通常会改变候选服务能力的分组和定义。该执行操作也许还会突出未来需求处理步骤中的任何省略项，从而添加新的候选服务能力，甚至新的候选服务。

注意

该过程描述假设这是贯穿服务建模过程的第一次迭代。在后续迭代期间，需要并入附加步骤以检查相关候选服务和候选服务能力的存在。

第 7 章　REST 服务及微服务的分析与建模

本章讲述了 REST 服务建模的详细步骤。

7.1　REST 服务建模过程

合并资源和统一契约特征为服务建模提供了新的维度。当我们知道一个给定服务是为 REST 实现专门建模时，可以在扩展服务建模过程时将这些因素考虑进去，以便更好地将服务塑造为 REST 服务契约的基础。

图 7-1 中所示的 REST 服务建模过程提供了一组为 REST 服务建模量身定制的通用步骤和注意事项。本章介绍每个过程步骤，并进一步补充了案例研究。

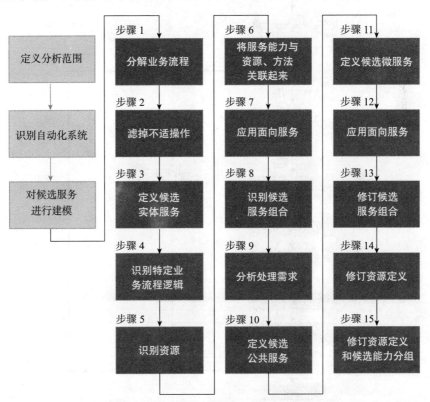

图 7-1　REST 服务的服务建模过程示例

案例研究

MUA 架构师致力于将 SOA 和面向服务应用作为整合系统和数据关键战略的一部分。他们决定将重点放在跟踪各校区信息资产的实体服务上。该初始服务集将最先部署在主校园，以便 IT 人员可以监控维护需求。然后，个别校园将根据相同的集中化服务目录构建解决方案。引入新任务服务的解决方案将分配给主校园中的虚拟机，以便在将来需要时将其移动到独立硬件和专用服务器场。

与合作伙伴学校的现有 MUA 租约协议明确指出需要承认某个学术成就。正确授予奖项对 MUA 及其精英学生的声誉是重要的。

MUA 组织了一个由 SOA 架构师、SOA 分析师和业务分析师组成的服务建模团队。该团队始于 REST 服务建模过程，建模对象是"学生成绩奖项授予"业务流程。如图 7-2 所示，该业务流程逻辑代表学生提交个人成绩奖励申请的评估、讨论和拒绝所遵循的各个程序步骤。若申请被批准，则授予成绩并向学生发送授予通知。若申请被拒绝，则会向学生发出拒绝通知。

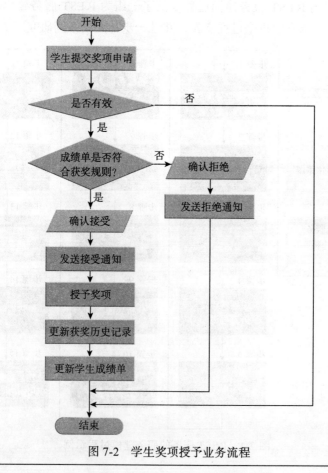

图 7-2 学生奖项授予业务流程

7.1.1　步骤 1：分解业务流程（使之成为细粒度操作）

让我们来记录业务流程，并将其分解为一系列细粒度流程步骤。这需要进一步分析流程逻辑，在此过程中，我们尝试将业务流程分解为一组单独的细粒度操作。

案例研究

原学生奖学金授予业务流程细分为以下细粒度操作：

- 启动授予申请。
- 获取事件详情。
- 核实事件详情。
- 若事件无效或不符合奖项授予资格，结束流程。
- 获取事件详情。
- 获取学生各科成绩。
- 基于奖学金授予规则核实学生成绩是否符合。
- 若学生成绩不符合，启动"拒绝"操作。
- 手动核实拒绝。
- 发送拒绝通知。
- 手动核实接受。
- 发送接受通知。
- 授予奖项。
- 在学生成绩单上记录奖项授予。
- 在奖项数据库记录奖项授予。
- 打印奖项授予记录硬件副本。
- 将奖项授予记录硬件副本归档。

7.1.2　步骤 2：滤掉不适操作

并非所有业务流程逻辑都适合于服务自动化和 / 或封装。此步骤要求我们指出步骤 1 中标识的任何粒度级操作，这些操作似乎不适合后续的 REST 服务建模步骤。示例包括需要人工执行的手动流程步骤，以及无法被服务包装的遗留系统执行的业务自动化逻辑。

案例研究

在评估每个分解操作之后，将子集标识为不适用于自动化或服务封装，如划去项所指示的。

- 启动授予申请。
- 获取事件详情。

- 核实事件详情。
- 若事件无效或不符合奖项授予资格，结束流程。
- 获取事件详情。
- 获取学生各科成绩。
- 基于奖项授予规则核实学生成绩是否符合。
- 若学生成绩不符合，启动拒绝操作。
- 手动确定拒绝。
- 发送拒绝通知。
- 手动确定接受。
- 发送接受通知。
- 授予奖项。
- 在学生成绩单上记录奖项授予。
- 在奖项数据库记录奖项授予。
- 打印奖项授予记录硬件副本。
- 将奖项授予记录硬件副本归档。

7.1.3　步骤3：定义候选实体服务

通过在步骤2中滤掉不适操作，只剩下与REST服务建模相关的那些操作。

面向服务的主要目的是执行关注点分离，这可以将不可知逻辑与非不可知逻辑划分清楚。通过审查目前为止已经确定的操作，我们可以进一步分离那些具有明显重用潜力的操作。这基本上为我们提供了一组不可知候选服务能力。

然后，确定如何将这些候选服务能力分组以形成功能服务边界的基础。

应该考虑的常见因素包括：

❑ 到目前为止定义的哪些候选服务能力彼此相关？

❑ 识别的候选服务能力是以业务为中心还是以功能为中心？

❑ 鉴于服务目录的总体业务背景，什么类型的功能服务上下文是适合的？

因素列表中的第一项要求我们基于普通功能上下文对候选能力进行分组。第二项属于基于服务模型、逻辑服务层内的候选服务组织。鉴于以业务为中心的文档级别通常涉及创建业务流程模型、规范及相关工作流程，在这一步骤中自然更多强调候选实体服务的定义。7.1.10节中的步骤专用于开发公共服务层。

上述因素列表中第三项涉及我们如何选择建立功能服务边界，这不仅涉及我们正在分解的当前业务流程，而且还涉及服务目录的整体性质。这种更广泛的因素有助于确定是否有通用的功能上下文供我们定义，这将有助于多个业务流程自动化。

SOA 模式

- 在此步骤期间，先前引用的逻辑集中化和服务规范化模式都发挥关键作用，以确保我们列出了所有不可知候选服务，而不允许功能重叠。

案例研究

通过分析步骤 2 中的剩余操作，MUA 服务建模团队识别了那些所谓的不可知操作并将其归类。那些分类为非不可知的操作以黑体显示：

- **启动授予申请。**
- 获取事件详情。
- **核实事件详情。**
- **若事件详情无效或不符合奖项，取消流程。**
- 获取奖项详情。
- 获取学生成绩单。
- **基于奖项授予原则核实学生成绩单是否符合。**
- **若学生成绩单不合格，启动拒绝操作。**
- 发送拒绝通知。
- 发送接受通知。
- 在学生成绩单上记录奖项授予。
- 在奖项库中记录奖项授予。
- 打印奖项授予记录纸质文件。

不可知操作被分类为初级候选服务能力并分到相应的候选服务组，如下所示。

"事件"候选服务

作为名为"事件"的候选实体服务的一部分，原本的"获取事件详情"操作被定位为"获取详情"候选服务能力（见图 7-3）。

注意，由于"核实事件详情"操作执行特定于学生奖项授予流程的逻辑，因此它已被确定为不可知的。

"奖项"候选服务

作为此业务流程的核心部分，"奖项"业务实体成为"奖项"候选实体服务的基础（见图 7-4）。

"获取奖项详情"操作创建了"获取详

图 7-3　具有一个候选服务能力的"事件"候选服务

图 7-4　具备 3 个候选服务能力的"奖项"候选服务，其中两个是基于相同的操作

情"候选服务能力操作。"奖项数据库"中的"记录奖项授予"操作被拆分为两个候选服务能力：

- 授予。
- 更新历史记录。

需要"授予"能力为事件正式颁发奖项，所谓事件要求 MUA 奖项数据库内部的更新，以及全美国学校共享的外部国家学术认可系统的更新。

此外，根据颁发奖项政策，这项服务能力需要发出授予通知，并转发授予记录信息以便以硬件副本格式打印。这涉及以下 3 个操作：

- 发送拒绝通知。
- 发送接受通知。
- 打印奖项授予记录硬件副本。

MUA 团队考虑将此逻辑包括在"奖项"实体服务中，但随后决定"授予"服务能力将调用相应的公共服务以在每次授权时自动执行这些功能。

"更新历史记录"能力将在内部"奖项"数据库的单独部分中进一步更新学生和事件详细信息。鉴于"更新历史记录"能力可以独立使用并且用于与"授予"能力不同的目的，因此我们认为保持能力分离是有必要的。

"学生"候选服务

在学校内需要"学生"实体服务是不言而喻的。这项服务最终将提供广泛的学生相关功能。为了支持"学生奖项授予"业务流程，"学生成绩单"操作中的"获取学生成绩单"和"记录奖项授予"被定位为名为"获取成绩单"和"更新成绩单"（见图 7-5）的单一候选服务能力。

图 7-5　具备两个候选服务能力的"学生"候选服务

如前所述，在建模公共服务时，以下三个剩余操作放在此后的流程中：• 发送拒绝通知

- 发送接受通知。
- 打印奖项授予记录副本。

7.1.4　步骤 4：识别特定流程逻辑

特定流程逻辑被分为各自的逻辑服务层。对于给定的业务流程，此类型逻辑通常被分组为任务服务或充当组合控制器的服务消费者。

案例研究

以下操作是针对"学生奖项授予"业务流程的，因此被认为是非不可知的：

- **启动授予应用程序**
- **核实事件详情**
- **若事件无效或不够奖项授予资格，结束流程**
- **基于奖项授予原则审核学生成绩是否符合奖项**
- **若学生成绩不符合，启动"拒绝"操作**

该列表第一项操作形成候选服务能力的基础，如"授予学生奖项"候选任务服务描述中所简述。其余粗体显示的操作与候选服务能力不相符。相反，它们被标识为在"授予学生奖项"任务服务内部产生的逻辑。

"授予学生奖项"候选服务

"启动授予应用程序"操作，作为"授予学生奖项"候选任务服务的一部分，被转换为简单的"开始"候选服务能力（见图 7-6）。期望"开始"能力由分离的、能够充当组合启动器的软件程序调用。

图 7-6　具有单一服务能力的"授予学生奖项"候选任务服务拉开了"学生奖项授予"业务流程自动化帷幕

7.1.5　步骤 5：识别资源

通过检查与单个操作相关联的功能上下文，我们可以做一个问题列表，列出这些上下文如何与资源相关或如何形成资源基础。根据我们确定其用途和存在对父业务流程的特有程度，将已识别资源进一步限定为不可知（多用途）或非不可知（单用途）也许会有所帮助。

步骤 3 解释了如何将候选服务或候选服务能力标记为"不可知"对如何处理该服务建模具有重要影响。这并非资源问题。从建模角度来看，不可知资源可以毫无限制地并入不可知候选服务和能力。识别不可知资源的好处是将其指定为企业的一部分，可能比非不可知资源更频繁地共享和重用。这可以帮助我们准备必要的基础设施，或者甚至在我们如何建模（并随后设计）包含它们在内的服务能力中产生一些访问限制。

注意，在这个阶段识别的资源可以使用正斜杠作为分隔符来表示。这不是为了产生 URL 兼容语句。相反，它是识别与资源相关的候选服务能力部分的手段。类似地，模型化资源刻意地以简化形式表达。稍后，在面向服务设计阶段，语法正确的资源标识符语句用于表示资源，包括对多个部分 URL 语句（根据正在使用的资源标识符语法标准划分）所有必要的分区。

案例研究

在审查目前为止定义的候选服务能力处理要求之后，以下潜在资源得到识别：

- /流程/
- /申请/
- /事件/
- /奖项/
- /学生成绩单/
- **/通知发送者/**
- **/打印机/**

在进行之前，MUA 服务建模团队决定进一步限定 /流程/ 和 /申请/ 候选资源，以更好地将它们与总体业务处理逻辑的性质相关联，如下所示：

- /学生奖项授予流程/
- /授予申请/

这些限定符有助于区分可能以其他形式存在的类似资源、申请或规则。

因为服务建模过程迄今已经产生了一组实体服务，每个服务建模过程代表一个业务实体，还决定建立所识别的资源和实体之间的一些初步映射，如表 7-1 所示。

前面列表中粗体显示的资源暂且放置，用于后面对公共服务进行建模的流程。未映射到额外资源，因为它们当前与已知业务实体无关。它们可能在服务建模过程未来迭代期间被最终映射。

表 7-1　将业务实体映射到资源

实体	资源
事件	/事件/
奖项	/奖项/
学生	/学生成绩单/

7.1.6　步骤 6：将服务能力与资源和方法相关联

我们现在将步骤 3 和 4 中定义的候选服务能力与步骤 5 中定义的资源以及可能已经建立的可用统一契约方法相关联。如果我们发现给定的候选服务能力需要一种尚且不存在于统一契约定义中的方法，该方法可以作为建议投入作为服务目录分析周期一部分的"模型统一契约"任务下一次迭代中。

我们继续使用相同的候选服务和候选服务能力符号，但是我们用其相关联的方法加上资源组合来附加候选服务能力。这就容许初步服务契约具备描述性和灵活性的表达，而且还可以在面向服务分析过程的后续迭代期间得到进一步改变和改进。

注意

在这个阶段,将操作与常规 HTTP 方法相关联很常见,如通过统一契约建模所定义的。复杂方法可以包括预定义集合和 / 或常规方法调用序列。如果在服务建模阶段定义复杂方法,则它们也可以被适当地关联。

案例研究

MUA 服务建模团队通过添加合适的统一契约方法和资源,在他们原本候选服务定义的基础上继续扩展,如下所示。

授予学生奖项候选(任务)服务

作为启动"学生奖项授予"业务流程的主要投入所需,业务文档是由学生提交的申请。最初假设用 / 申请 / 资源来代表该文档。然而,经进一步分析,结果是所有的"开始"候选服务能力均需要一个 POST 方法,用于将申请文档转发到以业务流程自身命名的资源(见图 7-7)。

图 7-7 结合方法和资源的"授予学生奖项"候选服务

事件候选(实体)服务

唯一的"获取详情"候选服务能力附加了 GET 方法和 / 事件 / 资源(见图 7-8)。

图 7-8 结合方法和资源的"事件"候选服务

奖项候选(实体)服务

"获取详情"服务能力相应地与 GET 方法和 / 奖项 / 资源组合相关联。"授予"和

"更新历史"候选服务能力均需要输入数据以更新资源数据，因此这两项候选服务能力通过使用初步 POST 方法和 / 奖项 / 资源（见图 7-9）得到扩展。这种方法后续将在面向服务设计阶段得到改善。

图 7-9　结合方法和资源的"奖项"候选服务

"学生"候选（实体）服务

"获取成绩单"候选服务能力与 GET 方法和 / 学生成绩单 / 资源相关。"更新成绩单"附加了 POST 方法和 / 学生成绩单 / 资源（见图 7-10）。

图 7-10　备有方法和资源关联关系的"学生"候选服务

7.1.7　步骤 7：应用面向服务

　　用作服务建模过程输入的业务流程文档可以让我们了解每个所识别 REST 候选服务能力所需的针对底层处理的知识水平。基于这些知识，我们可以考虑通过面向服务原则的相关子集，进一步塑造服务能力定义和范围及其候选父服务。

案例研究

　　当应用此步骤时，基于服务部署实现环境知识及参与的 SOA 架构师可以提供的一切，MUA 服务建模团队面临各种实际问题。

　　例如，它们确定给定资源集合与大型遗留系统提供的数据相关。服务自治原则应用程度影响功能服务边界。

7.1.8　步骤 8：识别候选服务组合

在这里，我们记录了在业务流程逻辑执行期间可能发生的最常见的服务能力交互。基于业务流程工作流中操作顺序期间可能发生的成功和失败场景，不同交互被划分出来。

将这些交互场景映射到所需的候选服务能力，这样我们就能够对候选服务组合进行建模。通过这种类型的视图，我们可以预览潜在服务组合的大小和复杂性，取决于我们如何定义目前为止不可知和非不可知候选服务（以及候选能力）的范围和粒度。例如，如果确定服务组合涉及太多的服务能力调用，我们仍然有机会重新访问候选服务。

在这个阶段，我们也开始仔细研究数据交换的要求（因为对于要互相组合的服务来说，它们必须交换数据）。这为我们开始识别所需的媒介类型提供了足够的信息，且所需媒介类型是基于统一契约定义的内容的。或者，我们可以确定尚未建模的新媒介类型需求。在后一种情况下，我们可能收集信息将其输入作为服务目录分析周期一部分的模型统一契约任务（稍后在 7.2.1 节中进行解释）。

注意

服务组合深度会影响方法定义。重要的是提出了在服务组合执行期间发生的可能性故障场景有关的问题。

案例研究

MUA 服务建模团队探索了一套服务组合场景，分别符合执行"学生奖项授予"流程中出现的成功和失败条件。

图 7-11 阐述了贯穿这些场景相对一致的候选服务组合结构。这种情况下，"授予学生奖项"任务服务调用"事件""奖项"和"学生"实体服务。"奖项"实体服务进一步组合"通知"公共服务以发布接受或拒绝通知，若授予奖项，"文件"公共服务打印奖项记录。

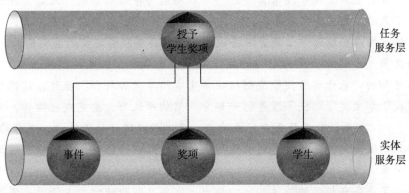

图 7-11　一览此阶段所探究的由各种服务交互场景形成的候选服务组合结构

注意

下面一系列步骤是可选的，更适合复杂的业务流程和更大的服务目录架构。它要求我们更深入地研究所有候选服务能力的基本处理需求，以便抽象更多的候选公共服务。

7.1.9　步骤9：分析处理需求

如在步骤3描述中所提到的，目前为止，在该服务建模过程中，以业务为中心的处理逻辑很可能是重中之重。当配合基于自动化业务视图的业务流程定义工作时，服务建模便指日可待了。然而，为识别应用逻辑所有进一步的需求，我们需要谨慎观察目前为止定义的业务逻辑。

为了实现这一点，我们需要考虑以下几点：

- ❏ 目前为止，哪些资源被确定是以功能为中心的？
- ❏ 在以业务为中心的资源上执行的操作可以被视为以功能为中心的操作（例如报告操作）吗？
- ❏ 为了处理候选服务能力所包含的操作和 / 或资源，哪些基础应用程序逻辑是需要执行的？
- ❏ 是否存在必需的应用程序逻辑？
- ❏ 是否存在必需的应用程序逻辑跨越应用程序边界（换句话说，是否需要多个系统来完成操作）？

注意，此时应参考面向服务父分析流程"识别自动化系统"步骤中收集的信息。

案例研究

MUA团队仔细研究了逻辑处理需求，这些逻辑需要被目前定义的候选服务封装。他们确认，除了已经确定的"发送拒绝通知""发送接受通知"和"打印奖项授予记录硬件副本"操作之外，似乎没有需要进一步以功能为中心的功能。然后，在这些操作中，为接下来的"定义公共服务"（和"关联资源和方法"）步骤设置阶段，这些操作以及先前标识的以功能为中心的资源将被作为候选公共服务定义的主要输入。

然而，虽然新的以功能为中心的处理需求还未确定，但是特别提出了一个问题，即关于不可知的"基于奖项授予原则核实学生成绩单是否符合"操作，该操作目前被封装为"授予学生奖项"任务服务的一部分。架构师认为，要完成此操作，需要组合和调用外部的"规则"公共服务以完成验证。基础设施统计数据显示，现有的"规则"服务已得到广泛使用并且经常达到其使用阈值，导致在峰值使用期间响应延迟，甚至偶尔拒绝响应。

这引起了业务分析师的关注，他们指出，需要立即验证学生成绩单来满足政策驱动需求。此外，更重要的是，验证之后，它具有法律约束力，不可逆转。

因此，MUA 团队将"基于奖项授予原则核实学生成绩单是否符合"操作分类为具有关键和专业处理需求的操作，若要将其保留为任务服务实现的一部分，则无法满足这些需求。因此，可以确定该逻辑需要划分为专用微服务。

7.1.10　步骤 10：定义候选公共服务（并且关联资源和方法）

在此步骤中，我们根据预定义上下文对以功能为中心的处理步骤进行分组。对于候选公共服务，主要上下文其实是候选能力之间的逻辑关系。这种关系可以基于以下因素：

❑ 与特定遗留系统的关联。

❑ 与一个或多个解决方案组件的关联。

❑ 根据函数类型进行的逻辑分组。

在候选服务经过面向服务设计过程之后，又需要考虑各种其他问题了。现在，该分组建立了初级公共服务层，其中候选公共服务能力进一步与资源和方法相关联。主要输入将是之前在步骤 5 中定义的任何以功能为中心的资源。

注意

建模候选公共服务比建模候选实体服务更加困难。与基于文件化企业业务模型和规范（例如分类法、本体、实体关系等）功能上下文和边界的实体服务不同，通常不存在用于应用逻辑这样的模型。因此，在服务目录分析周期迭代期间连续地修改候选公共服务的功能范围和上下文是很常见的。

案例研究

MUA 团队通过挖掘迄今为止记录的关于以功能为中心操作过程步骤中的注意事项继续前行。结合他们从步骤 9 中收集的研究，他们继续定义以下两个公共服务。

"通知"候选服务

"发送拒绝通知"和"发送接受通知"操作被合并为一个通用的"发送"候选服务能力，作为名为"通知"公共服务的一部分（见图 7-12）。"发送"能力将接收一系列输入值，使其在其他应用中能够发出批准和拒绝通知等。

图 7-12　"通知"候选服务，唯一具有两个标识为父业务流程操作的候选服务能力

"文档"候选服务

MUA 服务建模团队最初创建了一个"文档打印"公共服务，但随后意识到其功能范围太有限。相反，它将其范围扩展以包括通用文件处理功能。目前，该候选服务只包括一项"打印"候选服务能力，即实现"打印奖项授予记录硬件副本"操作（见图 7-13）。将来，此公共服务将包括能够执行通用文件处理任务的其他服务能力，例如传真、路由和解析。

图 7-13 具有通用"打印"候选服务能力的"文档"候选服务

接下来，重新访问在步骤 5 中先前标识的 / 通知发送者 / 和 / 打印机 / 资源，将它们与适当的方法一起分配给新定义的候选公共服务能力。

"通知"候选服务

"发送"候选服务能力通过 POST 方法和 / 通知发送者 / 资源得到扩展（见图 7-14）。

图 7-14 具备方法和资源关联关系的"通知"候选服务

"文档"候选服务

高度通用"打印"候选服务能力通过 POST 方法和 / 打印机 / 资源得到扩展（见图 7-15）。任何发送到"打印"能力的文档均登记入 / 打印机 / 资源并被打印。

图 7-15 具备方法和资源关联关系的"文档"候选服务

7.1.11　步骤 11：定义候选微服务（并且关联资源和方法）

现在我们将注意力转向先前识别的非不可知处理逻辑，以确定是否存在适合被单独微服务封装的逻辑单元。如第 5 章所讨论的，微服务模型可以引入高度独立和自治的服务实现架构，其可适用于具有特定处理需求的逻辑单元。

典型因素包括：

❑ 增加自治需求。

❑ 具体运行时性能需求。

❑ 具体运行时可靠性或故障切换需求。

❑ 特定服务版本控制和部署需求。

案例研究

为了与"基于奖项授予原则核实学生成绩单是否符合"操作流程分开，MUA 团队建立了一个名为"验证申请"的候选微服务，具有单一的"验证"候选服务能力（见图 7-16）。

"验证申请"服务

假定该服务最终实现环境是高度自治的，并且包括"规则"服务的冗余实现以保证先前识别的可靠性需求。

图 7-16　具备方法和资源关联关系的"验证申请"候选服务

7.1.12　步骤 12：应用面向服务

该步骤是步骤 7 的重述，此处专门讲述所有随着步骤 9 和 10 而出现的新的候选公共服务。

7.1.13　步骤 13：修订候选服务组合

现在我们回顾一下在步骤 8 中确定的原始服务组合候选方案以并入新的或修订的候选公共服务。整合后的典型结果是服务组合范围的扩展，其中更多公共服务能力参与到业务流程自动化中。

案例研究

"授予学生奖项"服务组合通过引入"通知""文档"公共服务和"验证申请"微服务而得到扩展（见图7-17）。

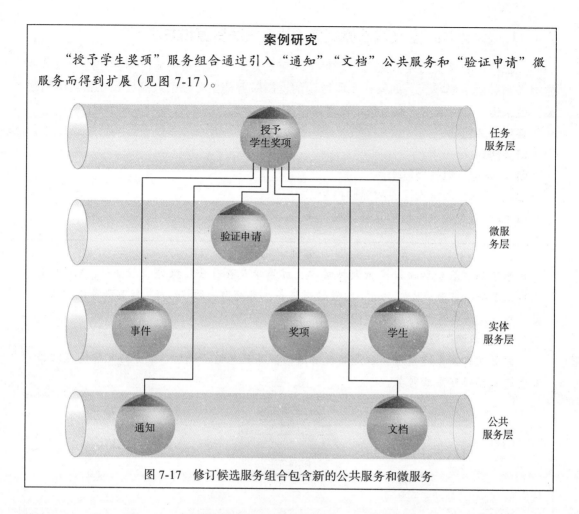

图7-17　修订候选服务组合包含新的公共服务和微服务

7.1.14　步骤14：修改资源定义和候选能力分组

公共服务和微服务可以访问或处理以业务为中心和以功能为中心的资源。因此，在先前步骤中识别的任何新的处理逻辑为我们提供了进一步添加和／或修改目前已建模资源集合的机会。

此外，随着新公共服务和／或微服务的引入，我们需要检查所有建模候选服务能力的分组，因为：

❑ 步骤9和10中定义的候选公共服务能力可能会移除步骤3中包含先前定义候选实体服务能力的一些所需操作。

❑ 新候选公共服务的引入也许会影响（或同化）已定义的候选公共服务的功能范围。

❑ 步骤13中建模较大且潜在更复杂的候选服务组合可能会减少或增加一些候选服务能力粒度。

注意

　　结果，若干建模步骤的后续执行给我们添加了额外的任务，在定义或提议新的候选服务之前，我们要确定所存在的相关候选服务、资源和统一契约属性。

7.2　附加因素

7.2.1　统一契约建模和 REST 服务目录建模

　　服务目录是独立拥有、自治和标准化服务的集合。我们在 SOA 项目中应用统一契约约束时，通常对特定服务目录执行此操作。这是因为统一契约将最终标准化与服务能力表示、数据表示、信息交换和信息处理有关的许多方面。理想情况下，统一契约定义的执行优先于单一 REST 服务契约设计，因为每个 REST 服务契约均需要形成对其关联统一契约特征的依赖性并在其操作范围内操作。

　　旨在构建 REST 服务单一目录的组织通常会依赖单个整体统一契约来建立基准通信标准。那些继续使用基于域服务目录方法的用户很可能需要为每个域服务目录定义单独的统一契约。由于域服务目录在标准化和治理方面易于改变，因此可以创建单独的统一契约以满足这些个性化需求。这就是为什么统一契约建模能够成为服务目录分析项目阶段一部分的原因所在。

　　服务目录分析阶段的首要目的是使项目团队能够通过创建服务目录蓝图来定义服务目录的范围。此规范由服务目录分析周期的重复执行来填充。一旦所有迭代（或允许的次数）完成，我们就会拥有一组已明确定义的（期望的）候选服务，独立存在的和彼此相关联的服务都存在。接下来的步骤是继续设计各自的服务契约。

　　若事先知道我们将使用 REST 提供这些服务时，将对目录统一契约的建模纳入服务目录本身的建模是有益的。这是因为在我们执行每个面向服务分析过程和模型并精化每个候选服务和候选服务能力时，我们都会收集越来越多与该服务目录不同的业务自动化需求信息。其中一些信息关系到我们如何定义统一契约的方法和媒介类型。

　　收集信息的示例包括：

- ❏ 了解需要交换和处理的信息和文档类型可以帮助定义必要的媒介类型。
- ❏ 了解候选服务使用的服务模型（实体、功能、任务等）可以帮助确定应支持哪些方法。
- ❏ 了解调整某些交互类型所需的策略和规则有助于确定某些方法何时不适用，或帮助定义某些方法可能需要的特殊功能。
- ❏ 了解如何组成候选服务能力有助于确定合适的方法。
- ❏ 了解某些服务质量需求（特别是可靠性、安全性、交易性等）有助于确定支持方法特殊特征的必要性，并且有助于进一步确定发出一组能够被标准化为复杂方法预定义消息的必要性。

将统一契约建模任务作为服务目录分析的一部分实际上是将其与"定义技术架构"步骤（见图7-18）放置在同一分组中。在该步骤中，一般服务目录架构特征和需求的确定均来源于我们所搜集的用于定义统一契约特征的相同类型信息。在这方面，统一契约基本上被定义为对服务目录标准化技术架构的扩展。

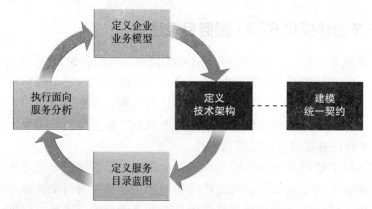

图 7-18　在服务目录分析周期中，可以将统一契约建模列入迭代任务

如果将"建模统一契约"任务与"定义技术架构"步骤组合，结果导致不合适的分组，则将"建模统一契约"任务定位为循环内步骤。

当我们开始制定统一契约定义时，关键决策之一是确定用于填充其方法和媒介类型的来源。作为一个通用起点，我们可以查看用于初始方法集和初始媒介类型中 IANA 媒介类型注册表的 HTTP 规范。其他媒介类型和可能存在的其他方法也许来源于各种内部和外部源。

注意

　　值得注意的是，方法和媒介类型可以独立于服务目录而标准化。例如，HTTP 方法由 IETF 定义。使用这些方法的服务目录将包括对 IETF 规范的引用，作为服务目录统一契约定义的一部分。媒介类型可以由外部机构（例如 W3C、IETF、跨各种供应链的行业机构，甚至在 IT 企业）持续指定。

请注意，可以在右上角使用星号表示当前步骤正在对 REST 候选服务进行建模：

❏ 纳入已用于统一契约建模的方法和 / 或媒介类型。

❏ 引入为统一契约添加或增加方法和 / 或媒介类型的必要性。

"执行面向服务分析"步骤（其包含 REST 服务建模过程）和"建模统一契约"任务之间的这种双向关系类型是服务目录分析周期的自然走势。

注意

通常在"建模统一契约"任务期间，首先要使用初步特征和属性来完善统一契约配置文件。然后将该配置文件进一步细化为统一契约，并且随着时间的推移进行物理设计和维护。

7.2.2　REST 约束条件和统一契约建模

虽然 REST 约束主要应用在服务架构物理设计期间，但是也需要在面向服务分析阶段、统一契约形成之际将其作为考虑因素。例如：

❑ 无状态——通过数据交换需求，我们能够在候选服务之间建模，那我们可以确定服务能否在请求之间保持无状态吗？

❑ 缓存——我们能够识别任何请求消息，其响应可以缓存并为后续请求返回，而不需要冗余处理吗？

❑ 统一契约——在这个阶段，与统一契约相关联的所有方法和媒介类型是否可以被候选服务真正重用？

❑ 分层系统——我们对底层技术架构是否足够了解，以确定服务及其消费者是否能够区分直接通信或通过中间件进行通信？

REST 约束的具体应用方面能够影响我们如何建模统一契约的程度将直接取决于：

❑ 服务目录分析周期迭代期间定义服务目录技术架构的程度。

❑ 我们在面向服务分析过程步骤 2 中对给定业务流程基本自动化需求的了解程度。

其中很大一部分将取决于我们已有的以及能够采集到的关于包含服务目录的潜在基础设施和整体生态系统的信息量。例如，若事先知道我们正在包含现有遗留系统和中间件的环境中提供一组服务，我们将能够访问许多信息源，这些信息源在服务和统一契约定义中有助于确定边界、限制和选项。另一方面，若我们计划为服务目录建立一个全新环境，通常会有更多的选择来创建和调整技术架构以支持服务（和统一契约）如何最好地实现业务自动化需求。

SOA 模式

当确定服务目录范围以及在企业环境中是否允许存在多个服务目录时，决策通常归结为是否应用企业目录或域目录模式。

7.2.3　REST 服务能力粒度

在这一阶段定义操作时，认为每个操作都是细粒度的，因为它们都能明确区分且具有其特定目的。然而，在某个目的范围内，它们通常还是会有些模糊，并且容易包含一系列可能存在的变化。

使用这种级别的操作粒度定义概念候选服务与主流服务建模方法是常见的。上述结论在用于基于 SOAP 的 Web 服务时已得到充分验证，因为用于支持各种功能的服务能力仍然可以有效地映射到能够处理一系列输入、输出参数并基于 WSDL 的操作。

有了 REST 服务契约，就要求服务能力来合并由总体统一契约定义的方法（和媒介类型）。如前所述，若我们事先知道 REST 将作为主要服务实现介质，则给定服务目录的统一契约建模就不言而喻，并且可以与候选服务建模互相协作。

虽然基于 WSDL 的服务契约可以包含自定义参数列表和其他特定于服务的功能，但 REST 在最复杂或最通用的目的方法和媒介类型级别上对消息交换的粒度设置上限。在一些情况下，这可能引出定义更细粒度服务能力的必要性。

图 7-19 突出了以实现中立方式建模的候选服务与专为 REST 服务实现介质建模的候选服务之间的差异。

图 7-19　可以对 REST 候选服务进行特定建模以包含统一契约特征。"更新发票"候选服务能力被拆分为 PUT/ 发票 / 服务能力的两个变体：一个更新发票状态值，另一个更新发票客户值

7.2.4　资源与实体

REST 服务建模过程中的一部分内容探讨了候选资源的标识。正是通过这些候选资源定义，我们才开始引入了服务目录以 Web 为中心的视图。资源代表服务消费者需要访问和处理的"事物"。

我们也有兴趣在面向服务分析阶段建立实体逻辑封装。同资源一样，实体也经常代表服务消费者需要访问和处理的"事物"。

那么资源和实体之间的区别是什么呢？要理解 REST 服务建模，我们需要清楚地了解这些区别：

❑ 实体以业务为中心，源自企业业务模型，如实体关系图、逻辑数据模型和本体。

❑ 资源可以是以业务为中心或以非业务为中心的。资源是与服务目录启用的业务自动化逻辑相关联的任何给定"事物"。

❑ 实体通常仅限于业务工件和文档，例如发票、索赔、客户等。

❑ 一些实体比其他实体粒度更粗。一些实体会封装其他实体。例如，发票实体会封装发票细节实体。

- ❑ 资源也会根据粒度而变更，但是通常是细粒度资源。正式定义封装细粒度资源的粗粒度资源较为罕见。
- ❑ 所有实体可以关联或基于资源。因为一些资源是非业务中心的，所以并非所有资源都可以与实体关联。

以业务为中心的资源和实体之间映射形式化的程度取决于我们自己。REST 服务建模过程包括一些步骤，鼓励我们定义和标准化资源作为服务目录蓝图的一部分，以便我们更好地了解如何消费资源以及在哪里消费。

从纯粹的建模角度来看，我们需要进一步将以业务为中心的资源与业务实体相关联，以便我们与业务中心工件和文档在业务中的存在方式保持一致。这种观点特别有价值，因为业务及其自动化需求随着时间的推移而不断发展。

第 8 章　Web 服务的服务 API 与契约设计

> **注意**
>
> 　　本章部分内容涉及 WSDL、SOAP 和 XML Schema 标记语言，并提供代码示例。要了解这些和其他 Web 服务标记语言，请参阅 "Web Service Contract Design and Versioning for SOA" 系列丛书。

在候选概念服务得以建模并充分细化后，就到了面向服务设计阶段，在此阶段我们可以基于之前面向服务分析过程的结果开始设计物理服务契约。

当构建基于 SOAP 的 Web 服务时，这个阶段要求我们在设计相应服务逻辑之前，应用若干契约相关的面向服务原则、以一致和标准的方式将 API 的设计作为每个服务契约的一部分。

具体来说，通过使用 Web 服务契约优先方法可以得到以下好处：

- 可以设计 Web 服务契约以准确地表示相应服务的上下文和功能。
- Web 服务操作名称应进行约定，以生成标准化的端点定义。
- 操作粒度可以抽象建模，以提供一致和可预测的 API 设计，该设计也会制定出适合目标通信基础设施的消息大小和体积比。
- 服务消费者需要符合服务契约表达，反之亦然。
- 业务分析员可以协助以业务为中心的 Web 服务契约的设计，这也许有助于准确表达业务逻辑。

我们通常以正式定义服务需要处理的信息开始一个 Web 服务契约设计。为了实现这一点，我们需要对在 WSDL types 区域中定义的消息结构进行形式化。SOAP 消息在 SOAP 封装的 Body 部分中携带数据，并且此数据需要进行组织和显示。为此，我们通常依赖于 XML Schema。

注意，在面向服务分析过程中，一个或多个服务更适合通过 REST 实现而非通过基于 SOAP 的 Web 服务技术集来实现。这种情况适用于被识别出的微服务或通过 REST 使其处理需求得到更好实现的其他服务。第 9 章将介绍的面向服务设计方法可应用于这些服务。

> **SOA 模式**
>
> 面向服务架构使得单个服务目录中的服务可以通过不同的通信协议、根据双协议

模式来实现。此外，根据并发契约模式，单一的服务逻辑体系可以暴露两个替代服务契约，通过两种不同的通信协议可以调用该服务逻辑。为了支持这种功能，服务外观模式通常也与解耦契约一起应用。

8.1　服务模型设计关注点

服务模型的选择可能会影响 Web 服务契约的设计方法。以下部分简要介绍了每种服务模型的一些关键注意事项。

8.1.1　实体服务设计

实体服务代表受其他服务影响最小的一个服务层。其目的是准确地表示在组织的商业模型内定义的相应数据实体。这些服务是业务流程不可知的，构建这些服务以被同一服务目录内的任何服务重用，该服务目录也许需要访问或管理与特定实体相关联的信息。与其他服务层的关系来说，它们是相对独立存在的，因此在设计其他服务层之前设计实体服务是有益的。这建立了一个抽象服务层，可以定位进程和底层应用程序逻辑。

服务可重用性和服务自治原则在某种程度上本就是实体设计模型的一部分，因为实体服务公开的操作均要设计为固有通用和可重用的（并且我们鼓励使用 import 语句以重用模式并创建模块化 WSDL 定义）。

可发现性也是实体服务设计及其部署后利用的重要组成部分，因为我们需要确保服务设计不实现已存在的逻辑。发现机制将使这个变得更容易。我们可以采取一种措施（即使用文档元素补充元数据详细信息）使服务更易于被其他服务发现。

图 8-1　具有 4 个操作功能的示例实体服务，用于处理采购订单相关的功能

图 8-1 显示了 Web 服务契约的一个样本实体。

SOA 模式

由于实体服务本来就是处理关键业务文档的，使用标准化 XML Schema 成为最重要的设计要素。这大大强调了对服务目录中所有实体服务执行规范模式和模式集中方式应用的必要性。

8.1.2　公共服务设计

公共服务负责执行各种低级处理功能。基于 SOAP 的 Web 服务实现选项适用于公共服务，且这些公共服务需要公开丰富、定义明确的 API。

与实体层中的服务不同，公共服务的设计不需要业务分析专业知识。公共 Web 服务通常是组织部分传统环境的抽象，最好由最了解这些环境的人定义。

由于要考虑真实世界和技术相关的因素，公共服务成为了最难设计的服务类型。此外，每当升级技术或替换技术时，均会创建或更改相关应用逻辑，由这些服务建立的上下文也需要不断更新。

公共服务中的逻辑处理类型可以与微服务中的逻辑类型相似。这两种服务通常执行以功能为中心的处理。然而，由于公共服务是不可知的，因此服务可重用性原则对如何设计服务能力造成了持续影响，要求 API 尽可能通用和灵活。确定给定操作的适当粒度将是进一步需要考虑的因素。

此外，重要的是要确保任何新定义的不可知功能函数不以某种方式、形状或形式而存在。因此，有必要审查现有的服务目录，因为目录中有些服务也许与新公共服务计划的服务相似。此外，由于这些服务提供此类通用功能，在此阶段，调查是否可以从第三方供应商购买或租赁所需要的功能是值得的，只要满足所需的服务质量级别即可。

图 8-2 展示了一个简单的公共 Web 服务契约。

图 8-2　具备专用于数据变换的功能上下文的示例公共服务。最初的两个操作因为与会计数据变换相关而被特别标记，以允许添加可能与会计数据无关的未来变换式操作

SOA 模式

公共服务更有可能支持替代通信协议，这样一来，比起实体服务，更可能需要双协议、并发契约和服务外观模式的应用。在公共服务契约设计阶段通常应用的另一种模式是专用于封装遗留 API 公共服务的传统包装。

在应用域目录的 IT 企业中，还可以考虑跨域公共应用层模式的应用，以利用重用机会。

8.1.3　微服务设计

尽管可以将微服务构建为基于 SOAP 的 Web 服务，但这种方法不常见。与 SOAP 消息传递和 Web 服务、WS-* 环境多层技术堆栈相关联的处理可能会导致时间延迟和其他与性能相关的挑战，这些挑战与微服务的典型高性能设计目标相抵触。

因此，本书主要介绍基于 REST 微服务的服务契约设计，将在第 9 章进一步介绍。若读者正在考虑使用 Web 服务技术构建微服务，则第 9 章提出的许多指导方针均适用。

SOA 模式

请参阅 9.1.3 节，了解可能适用于微服务契约和实现的模式列表。

8.1.4　任务服务设计

任务服务通常包含用于协调底层服务组合的嵌入式工作流逻辑。因此，设计任务服务的流程通常比之前服务模型中的任何一个都要少，因为它们通常只需要一个作为启动工作流逻辑触发器的操作。

可以添加额外操作来支持异步交互。例如，涉及人员交互或批处理的任务将保留请求之间正在进行的业务流程状态，并且可以通过为此目的公开服务操作来访问此状态。

可以使用不同的建模方法来完成此步骤，例如使用序列图（见图 8-3 和图 8-4）。本练习的目的是记录每个可能的执行路径，包括所有异常情况。所得到的图表也将作为后续测试用例的有用输入。

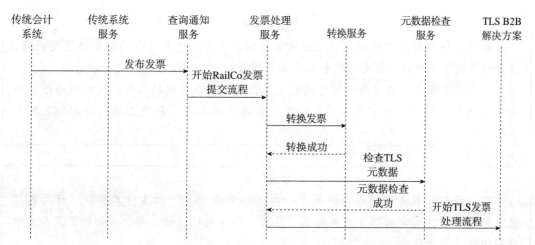

图 8-3　由任务服务执行的一套成功完整的工作流逻辑示例

任务服务可以包含的工作流逻辑将经常在服务组合中强加处理依赖关系。这就需要进行状态管理。然而，使用文档样式的 SOAP 消息可能允许任务服务使这些状态信息中的一些或全部持久性代表消息本身。

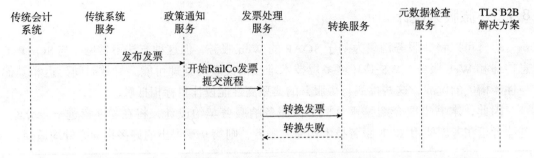

图 8-4　任务服务处理样本工作流逻辑期间产生的错误而引起的故障条件。在这种情况下，其中一个被组合的服务返回一个错误，该错误会终止业务流程的执行

图 8-5 展示了具有单一操作的任务服务。

图 8-5　一个示例任务服务，通过接收发票文件作为输入这个单一的"提交"操作来启动发票处理工作流逻辑

SOA 模式

　　由编排任务服务封装的工作流逻辑可能需要合并原子交易或编排和补偿型功能，其分别使用了原子服务交易模式和补偿交易模式。

　　存在若干模式以使状态管理可用并支持服务无状态原则的应用，包括状态库和部分状态延期。此外，状态消息模式将上述信息延迟正式化到消息层，由 SOAP 消息实现。

案例研究

　　TLS 执行的服务建模练习产生了一些候选 Web 服务，以支持其新的"时间表提交"解决方案。本案例研究中探讨了"员工"服务契约设计。图 8-6 展示了第 6 章中建模的候选原始服务。

　　对"员工"服务进行建模以支持以下两项特定功能：

- 查询员工记录，以检索员工在一周内认可的最大工作时数。
- 发布更新到员工历史记录（仅在时间表被拒绝时要求该项功能）。

图 8-6　"员工"候选服务

TLS 前段时间投资创建了一个标准化 XML Schema 数据表示结构（仅针对会计环境）。因此，代表会计相关信息集的实体 XML Schema 集已存在。

起初，该模式似乎让该步骤变得相当简单。然而，经过仔细研究，发现现有的 XML Schema 非常大并且复杂。经过一番讨论，TLS 架构师决定此时他们不会将现有模式与此服务一起使用。相反，他们选择导出轻量级（但仍然完全兼容）的模式版本，以适应"员工"服务的简单处理要求。

他们首先确定需要交换的数据种类，以满足"获取每周时数限制"候选能力的处理需求。他们最终定义了两种复杂的类型：

- 一种包含"员工"服务接收到的请求消息所需的搜索条件。
- 另一种包含服务返回的查询结果。

这些类型被刻意命名，以便它们与相应的消息相关联。这两种类型构成新的 Employee.xsd 模式文件，如示例 8-1 所示。

```
<xml:schema xmlns:xsd="http://www.w3.org/2001/XMLSchema"
  targetNamespace=
    "http://www.example.org/tls/employee/schema/accounting/">
  <xml:element name="EmployeeHoursRequestType">
    <xml:complexType>
      <xml:sequence>
      <xml:element name="ID" type="xml:integer"/>
      </xml:sequence>
    </xml:complexType>
</xml:element>
  <xml:element name="EmployeeHoursResponseType">
    <xml:complexType>
      <xml:sequence>
        <xml:element name="ID" type="xml:integer"/>
        <xml:element name="WeeklyHoursLimit"
          type="xml:short"/>
      </xml:sequence>
    </xml:complexType>
  </xml:element>
</xml:schema>
```

示例 8-1　"员工"模式提供用于创建数据表达的结构 complexType，该数据表达为"获取每周时数限制"候选能力所预期的

　　然而，正如架构师尝试导出"更新员工历史记录"候选能力所需的类型一样，另一个问题就出现了。他们发现导出 Employee.xsd 文件的模式不代表"员工历史记录"实体，该实体也被候选服务所封装。

　　再次访问会计模式档案，我们发现员工历史信息不为会计解决方案所治理。相反，它是人力资源环境的一部分，没有创建任何模式。

　　不想强加在"员工"模式已标准化的设计上，决定创建第二个名为 Employee-History.xsd（示例 8-2 和图 8-7）的模式定义。

```xml
<xml:schema xmlns:xsd="http://www.w3.org/2001/XMLSchema"
targetNamespace=
  "http://www.example.org/tls/employee/schema/hr/">
<xml:element name="EmployeeUpdateHistoryRequestType">
  <xml:complexType>
    <xml:sequence>
      <xml:element name="ID" type="xml:integer"/>
      <xml:element name="Comment" type="xml:string"/>
    </xml:sequence>
  </xml:complexType>
</xml:element>
<xml:element name="EmployeeUpdateHistoryResponseType">
  <xml:complexType>
    <xml:sequence>
      <xml:element name="ResponseCode"
        type="xml:byte"/>
    </xml:sequence>
  </xml:complexType>
</xml:element>
</xml:schema>
```

示例 8-2　"员工历史记录"模式，该模式具备不同的 targetNamespace 以识别其独特根源

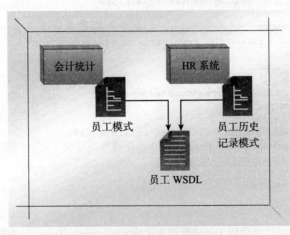

图 8-7　源自两种不同数据源的两种模式

　　为了提升重用性，允许每个模式文件脱离 WSDL 定义而单独维护，使用 XML Schema import 语句将两种模式的内容推送到"员工"服务 WSDL types 结构中（示例 8-3）。

```xml
<types>
  <xml:schema targetNamespace=
    "http://www.example.org/tls/employee/schema/">
    <xml:import namespace=
      "http://www.example.org/tls/employee/schema/accounting/"
      schemaLocation="Employee.xsd"/>
    <xml:import namespace=
      "http://www.example.org/tls/employee/schema/hr/"
      schemaLocation="EmployeeHistory.xsd"/>
  </xml:schema>
</types>
```

示例 8-3　由导入模式填充的 WSDL types 结构

　　接下来，TLS 架构师按照以下步骤定义初始服务契约：

　　1. 他们通过确保封装合适的逻辑粒度来确认每个候选能力适当的通用性和可重用性。然后他们研究前面定义的数据结构，并建立一组操作名称。

　　2. 他们在 WSDL 文档中创建 PortType（或 interface）区域，并以候选能力对应的 operation 结构进行填充。

图 8-8　"员工"服务操作

　　3. 他们形成了适应每个操作逻辑处理所需的输入和输出值列表。该列表通过定义子部件中 XML Schema 类型合适的 message 结构来实现。

　　TLS 架构师决定操作名称为 GetEmployeeWeeklyHoursLimit 和 UpdateEmployee-History（见图 8-8）。

　　随后，他们继续定义抽象定义的剩余部分，即 message 和 portType 结构，如示例 8-4 所示。

```xml
<message name="getEmployeeWeeklyHoursRequestMessage">
  <part name="RequestParameter"
    element="act:EmployeeHoursRequestType"/>
</message>
```

```
<message name="getEmployeeWeeklyHoursResponseMessage">
  <part name="ResponseParameter"
    element="act:EmployeeHoursResponseType"/>
</message>
<message name="updateEmployeeHistoryRequestMessage">
  <part name="RequestParameter"
    element="hr:EmployeeUpdateHistoryRequestType"/>
</message>
<message name="updateEmployeeHistoryResponseMessage">
  <part name="ResponseParameter"
    element="hr:EmployeeUpdateHistoryResponseType"/>
</message>
<portType name="EmployeeInterface">
  <operation name="GetEmployeeWeeklyHoursLimit">
    <input message=
      "tns:getEmployeeWeeklyHoursRequestMessage"/>
    <output message=
      "tns:getEmployeeWeeklyHoursResponseMessage"/>
  </operation>
  <operation name="UpdateEmployeeHistory">
    <input message=
      "tns:updateEmployeeHistoryRequestMessage"/>
    <output message=
      "tns:updateEmployeeHistoryResponseMessage"/>
  </operation>
</portType>
```

示例 8-4　实现两个服务操作抽象定义细节的"员工"服务定义的 message 和 portTvpe 部分

注意

　　TLS 符合 WSDL 1.1 规范，因为它符合 WS–I Basic Profile1.1 版本规定的需求，并且还没有应用程序平台支持较新的 WSDL 版本。WSDL1.1 使用 portType 元素而不是由 WSDL2.0 提供的 interface 元素。

　　通过对初始抽象服务界面的回顾，可以并入细微修订以支持基本的面向服务。具体来说，将元信息添加到 WSDL 定义中以更好地描述两个操作的目的和功能及其相关消息（示例 8-5）。

```
<portType name="EmployeeInterface">
  <documentation>
    GetEmployeeWeeklyHoursLimit 使用 Employee ID 值来检索 WeeklyHoursLimit 值。
    UpdateEmployeeHistory 使用 Employee ID 值来更新 EmployeeHistory 的 Comment 值。
  </documentation>
  <operation name="GetEmployeeWeeklyHoursLimit">
    <input message=
      "tns:getEmployeeWeeklyHoursRequestMessage"/>
    <output message=
      "tns:getEmployeeWeeklyHoursResponseMessage"/>
  </operation>
  <operation name="UpdateEmployeeHistory">
    <input message=
      "tns:updateEmployeeHistoryRequestMessage"/>
```

```
      <output message=
        "tns:getEmployeeWeeklyHoursResponseMessage"/>
  </operation>
  <operation name="UpdateEmployeeHistory">
    <input message=
      "tns:updateEmployeeHistoryRequestMessage"/>
    <output message=
      "tns:updateEmployeeHistoryResponseMessage"/>
  </operation>
</portType>
```

示例8-5　通过附加元数据文档得以补充的服务契约

　　负责"员工"服务设计的架构师决定调整抽象服务界面以适应当前设计标准。尤其要纳入命名约束来标准化操作名称，如图 8-9 和示例 8-6 所示。

图 8-9　已修订的"员工"服务操作名称

```
<operation name="GetWeeklyHoursLimit">
  <input message="tns:getWeeklyHoursRequestMessage"/>
  <output message="tns:getWeeklyHoursResponseMessage"/>
</operation>
<operation name="UpdateHistory">
  <input message="tns:updateHistoryRequestMessage"/>
  <output message="tns:updateHistoryResponseMessage"/>
</operation>
```

示例8-6　具有新的、标准化名称的两个 operation 结构

　　再来看一下在"员工"服务中设计的两个操作：

- 获取每周时数限制。
- 更新历史记录。

第一个需要访问员工资料。在 TLS，员工信息存储在两个位置：

- 工资单数据保存在会计系统存储库中，还保存了额外的员工联系信息。
- 员工资料信息（包括员工履历详情）均存储在人力资源库中。

　　当 XML Schema 数据表达架构初次在 TLS 实现时，实体 XML Schema 被用来缩小众多 TLS 数据源中存在的一些现有差异。意识到了这一点，架构师调查了用作 Employee.wsdl 定义一部分的 Employee.xsd 模式的起源，以确定 GetWeeklyHoursLimit 操作的处理需求。

他们发现尽管模式精确地表达了逻辑数据实体，但它所表达的是从两个不同物理存储库派生的文档结构。随后的分析显示，每周时数限制值存储在会计数据库中。然后，GetWeeklyHoursLimit 操作的处理需求如下：

公共服务层功能能够通过发布以下词条来查询统计数据库——将"员工 ID"作为唯一搜索标准来返回"员工每周时数限制"。

下一步，我们研究了"更新历史记录"操作背后的细节。鉴于 EmployeeHistory. xsd 模式与单一的数据源（HR 员工文件存储库）相关联，这次更容易一点。回顾原本的分析文件，架构师认识到这个特别的解决方案将需要在此存储库中更新。因此，这个处理需求定义远远超出了解决方案的即时需求，如下：

公共服务层功能能够发布一项更新到 HR 员工文件数据库中员工历史表格中的"评论"列，使用"员工 ID"值作为唯一标准。

乍一看，此方案类似于"时间表提交"解决方案，即需要新的公共服务来满足"员工"服务处理需求，如图 8-10 中扩展的服务组合所示。新识别的需求将需要适用于第 6 章中描述的服务建模流程。

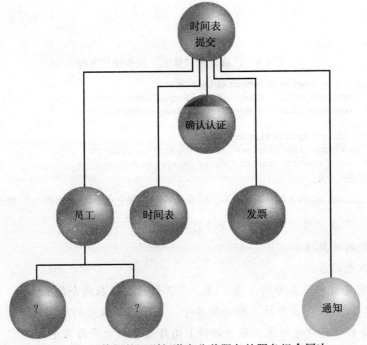

图 8-10　已修订的识别新潜在公共服务的服务组合层次

最终表明，只需要一个新的公共服务来达到"员工"服务的目的——一个"人力资源"包装服务，也有助于促进"时间表"服务。示例 8-7 包含"员工"服务定义的最终版本，其中包含对元素名称和先前修订版本的更改。

```
<definitions name="Employee"
  targetNamespace="http://www.example.org/tls/employee/wsdl/"
  xmlns="http://schemas.xmlsoap.org/wsdl/"
  xmlns:act=
    "http://www.example.org/tls/employee/schema/accounting/"
  xmlns:hr="http://www.example.org/tls/employee/schema/hr/"
  xmlns:soap="http://schemas.xmlsoap.org/wsdl/soap/"
  xmlns:tns="http://www.example.org/tls/employee/wsdl/"
  xmlns:xsd="http://www.w3.org/2001/XMLSchema">
  <types>
    <xml:schema targetNamespace=
      "http://www.example.org/tls/employee/schema/">
      <xml:import namespace=
        "http://www.example.org/tls/employee/schema/
          accounting/"
        schemaLocation="Employee.xsd"/>
      <xml:import namespace=
        "http://www.example.org/tls/employee/schema/hr/"
        schemaLocation="EmployeeHistory.xsd"/>
    </xml:schema>
  </types>
  <message name="getWeeklyHoursRequestMessage">
    <part name="RequestParameter"
      element="act:EmployeeHoursRequestType"/>
  </message>
  <message name="getWeeklyHoursResponseMessage">
    <part name="ResponseParameter"
      element="act:EmployeeHoursResponseType"/>
  </message>
  <message name="updateHistoryRequestMessage">
    <part name="RequestParameter"
      element="hr:EmployeeUpdateHistoryRequestType"/>
  </message>
  <message name="updateHistoryResponseMessage">
    <part name="ResponseParameter"
      element="hr:EmployeeUpdateHistoryResponseType"/>
  </message>
  <portType name="EmployeeInterface">
    <documentation>
      GetWeeklyHoursLimit 使用
      Employee ID 值来检索 WeeklyHoursLimit 值
      UpdateHistory 使用 EmployeeID
      值来更新 EmployeeHistory 的 Comment 值
    </documentation>
    <operation name="GetWeeklyHoursLimit">
      <input message=
        "tns:getWeeklyHoursRequestMessage"/>
      <output message=
        "tns:getWeeklyHoursResponseMessage"/>
    </operation>
    <operation name="UpdateHistory">
      <input message=
        "tns:updateHistoryRequestMessage"/>
      <output message=
        "tns:updateHistoryResponseMessage"/>
```

```
      </operation>
    </portType>
    ...
  </definitions>
```

示例 8-7　"员工"服务契约的最终抽象服务定义。该服务下一步将以其具体服务定义和服务
　　　　　逻辑来进行

8.2　Web 服务设计指南

本节提供了一套 Web 服务契约设计的常用指南，其中几个可以用于正式定制设计标准的基础。

8.2.1　应用命名标准

Web 服务命名相当于 IT 基础架构命名。因此，服务 API 的命名必须尽可能始终如一地一目了然。

因此，命名标准需要定义并应用于：

❑ 服务端点名称

❑ 服务操作名称

❑ 信息值

这里是一些建议：

❑ 将具有高重用潜力的服务剥离出来，不能带有它们最初建立的业务流程的任何命名特征。例如，不需要将一个操作完整命名为 GetTimesheetSubmissionID，而可以简单命名为 GetTimesheetID，甚至只是 GetID。

❑ 实体服务需要保留派生其相应服务实体模型的代表。因此，所使用的命名约束必须反映组织原始实体模型中创建的那些命名约束。通常，这种类型的服务使用名词命名结构。合适的实体服务名称，如发票、顾客和员工。

❑ 实体服务的服务操作应基于动词且不得重复实体名称。例如，名为发票的实体服务不应该有一个名为 AddInvoice 的操作。

❑ 公共服务需要根据其操作分组的处理环境进行命名。可以使用动词 + 名词或仅名词的约束。合适的公共服务名称，如 CustomerDataAccess、SalesReporting 和 GetStatistics。

❑ 公共服务操作需要清楚地传达其各自功能的性质。合适的公共服务操作名称，如 GetReport、ConvertCurrency 和 VerifyData。

❑ 虽然微服务并不总是遵循与不可知服务相同的设计标准，但仍然建议尽可能一致地应用服务和操作名称的约束。

无论选择什么命名标准，关键是要将标准一致应用于给定服务目录中的所有服务。

SOA 模式

规范表达式模式实现了对标准化目标的命名约束使用的正式化。

8.2.2　应用合适的服务契约 API 粒度

在设计服务时，需要考虑不同的粒度级别，具体如下：

❑ **服务粒度**——表示服务的功能范围。例如，细粒度服务粒度表示存在少量与服务整体功能上下文相关联的逻辑。

❑ **能力粒度**——代表单个服务能力的功能范围。例如，GetDetail 能力具有比 GetDocument 能力更精细的粒度度量。

❑ **约束粒度**——验证逻辑细节的级别是通过约束粒度来衡量的。例如，约束粒度越粗，给定能力的约束就越少（或者说数据验证逻辑的数量越少）。

❑ **数据粒度**——表示处理的数据量。例如，精细的数据粒度级别相当于少量的数据。

由于服务粒度级别决定了服务的功能范围，故其通常在服务契约设计之前的分析和建模阶段确定。服务的功能范围一旦建立，其他粒度类型就会起作用，且影响服务契约的建模和物理设计（见图 8-11）。

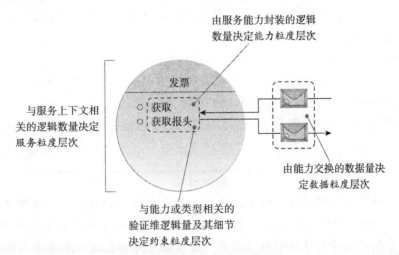

图 8-11　表示服务及其契约各种特征的 4 个粒度级别。请注意，这些粒度类型在大多数情况下彼此独立

粒度通常以精细和粗糙水平来衡量。不可否认的是术语*细粒度*和*粗粒度*具有高度主观性。在一个案例中可能是细粒度但也许在另一个案例中就不是了。关键是要了解如何在比较服务某些部分或者将服务相互比较时应用这些术语。

虽然服务粒度设计可能会有所不同，但仍然要为粗粒度 Web 服务创建 API 以便充分获取最大的信息交换。当然，性能对于面向服务解决方案的成功和最终发展至关重要。但是，还需要考虑其他因素。

服务契约的粒度越粗，其所提供的重用性就越少。如果将多个功能绑定到单个操作中，对于那些只需要使用这些功能中其中一个功能的消费者来说这并不是他们所期望的。另外，一些粗粒度 API 通过强制消费者提交与特定活动无关的数据而实际上强加了冗余处理或数据交换。

服务契约粒度是面向服务设计阶段值得关注的关键战略决策点。以下是解决此问题的一些指南：

- 充分了解目标部署环境的性能限制，并在需要时探索替代支持技术。
- 探索为同一个 Web 服务提供替代（粗粒度和微粗粒度）WSDL 定义的可能性。或者探索在同一个 WSDL 定义中提供冗余粗糙和微粗粒度操作的选项。这些方法导致服务契约非规范化，但可以解决性能问题并满足一些消费者。
- 给指定为解决方案端点的服务分配粗粒度 API，并将更精细的 API 用于预定义边界内的服务。这当然与面向服务原则和 SOA 特性有所不同，这些原则和 SOA 特性促进了服务的重用和互操作性。在粗粒度服务中促进了互操作性，并且在细粒度服务中更多地促进了可重用性。
- 考虑使用二级服务契约，该契约支持可替换且更高效的通信协议。尽管它增加了治理负担，但它很可能支持服务目录内的第二个通信介质。例如，也许有必要为基于 SOAP 的 Web 服务提供 REST 服务支持。

不管你的方法如何，确保它是一致和可预测的，以便 SOA 可以满足性能要求，同时维护标准化。

案例研究

TLS 选择了一种契约 API 粒度的方法，其中定位为 TLS 之外的消费者使用的服务将始终如一的提供粗粒度 API。这些服务上的操作将接受处理特定活动所需的所有数据。除非绝对必要或应内部政策要求，才需要外部消费者与服务之间的进一步往返。只要由较少粗粒度操作所施加的处理开销均是可以接受的，TLS 中使用的服务可以提供较少粗粒度操作，以便重用和扩展更广泛的潜在（内部）消费者。

SOA 模式

提供同一服务的替代契约在并行契约模式中得以实现。在同一 Web 服务契约中添加冗余操作已通过契约非规范化模式实现了正式化。双协议模式中描述了对相同服务目录内两个通信协议的支持。

8.2.3　将 Web 服务的操作设计成原生可扩展的

无论首次部署时服务设计得如何好，也无法为未来做好完全的准备。某些类型的业务流程变化导致需要拓展实体范围。因此，可能需要扩展相应的业务服务。尽管在将逻辑分区作为服务建模流程的一部分时考虑到了服务可重用性和服务可组合性的应用，但扩展性更多是在设计中需要考虑的物理设计质量。

根据变更性质，有时可以在不破坏现有服务契约的情况下实现可扩展性。将 Web 服务操作和消息尽可能设计为与活动无关的，这一点非常重要。该设计支持处理与操作或消息的整体目的相关的未来非特定值和功能。此外，首先通过调查组合其他可用服务（包括可以购买或租用的服务）的可能性来响应新的处理需求是一个好习惯。这也许会成功地满足需求，而无需触及服务契约。

请注意，现有服务契约的扩展通常会影响其对应的 XML Schema。通过特意为扩展提供新的模式使其得以充分发展。但是，在进行之前，要确保创建的版本控制标准可以坚定实现。

案例研究

基于 TLS 组织的规模，员工重新分配或寻求纵向或横向职位变更并不罕见。后一种场景由许多部门董事提倡的"内部提升"而得到进一步普及。

当员工改变职位或部门时，员工应该使用本地内部网上的表格更新他 / 她自己的个人资料。因为这个步骤是自愿的，所以从未执行过。这样就会产生一组越来越过时的配置文件。为了应对这种趋势，更改 TLS "时间表提交"流程以包括"员工配置文件验证"步骤。实现后，系统将在接受时间表之前验证配置文件信息。将拒绝接收员工提交的无效个人资料时间表。

为了实现这个新需求，"时间表"服务契约没有改变。相反，扩展底层服务逻辑以调用执行配置文件验证的单一公共服务。

SOA 模式

可以用来支持未来可扩展性的示例模式，如验证抽象，它能减少约束粒度，以支持对验证逻辑的潜在更改。

8.2.4　考虑采用模块化 WSDL 文档

WSDL 服务描述可以通过导入语句在运行时实现动态组合，这些导入语句可以链接到包含部分服务定义的单个文件。这样就可以定义可在 WSDL 文档之间共享的模块类型、操作模块和绑定模块了。

还可以利用已设计的任何现有 XML Schema 模块。可以将模式分成代表各种复杂类型的粒度模块。这样就创建了可以组合成定制主模式定义的模式集中式存储库。通过将 XML Schema 模块导入到 WSDL 定义的 types 结构中，现在可以在 WSDL 文档中使用那些相同的模式模块了。

案例研究

TLS 考虑导入 bindings 结构，以便重用甚至可以动态确定。但是，随后决定将 bindings 结构作为 WSDL 文档的一部分。示例 8-8 显示了 import 语句如何用于执行此测试。

```
<import namespace="http://.../common/wsdl/"
  location="http://.../common/wsdl/bindings.wsdl"/>
```

示例 8-8　用于引入单个文件中 bindings 结构的 import 元素

8.2.5　慎用命名空间

WSDL 定义由不同来源的元素集合组成。因此，每个定义通常会涉及一些不同的命名空间。以下是用于表示基于规范元素的通用命名空间：

```
http://schemas.xmlsoap.org/wsdl/
http://schemas.xmlsoap.org/wsdl/soap/
http://www.w3.org/2001/XMLSchema/
http://schemas.xmlsoap.org/wsdl/http/
http://schemas.xmlsoap.org/wsdl/mime/
http://schemas.xmlsoap.org/soap/envelope/
```

由模块组装 WSDL 时，会增加额外的命名空间，尤其是在导入 XML Schema 定义时。此外，在定义自己的元素时，可以创建更多的命名空间来表示 WSDL 文档特定于应用程序的部分。较大的 WSDL 文档最多可以包含 10 个不同的命名空间和与之搭配的限定符。因此，强烈建议在 WSDL 文档内和文档之间仔细整理命名空间的使用。

常规约定要求使用 targetNamespace 属性作为一个整体为 WSDL 分配命名空间。如果 XML Schema 嵌入 WSDL 定义中，那么它也可以被分配一个 targetNamespace 值（它可以和 WSDL targetNamespace 使用同一个值）。

案例研究

以前识别的一些常见命名空间不是 TLS "员工" 服务所必需的，因此在 definitions 属性列表中省略。如示例 8-9 所示，添加了 targetNamespace，以及与两个导入模式相关联的两个命名空间。

```
<definitions name="Employee"
  targetNamespace="http://www.xmltc.com/tls/employee/wsdl/"
  xmlns="http://schemas.xmlsoap.org/wsdl/"
  xmlns:act=
    "http://www.xmltc.com/tls/employee/schema/accounting/"
  xmlns:hr="http://www.xmltc.com/tls/employee/schema/hr/"
  xmlns:soap="http://schemas.xmlsoap.org/wsdl/soap/"
  xmlns:tns="http://www.xmltc.com/tls/employee/wsdl/"
  xmlns:xsd="http://www.w3.org/2001/XMLSchema">
    ...
</definitions>
```

示例 8-9　TLS Employee.wsdl 文件 definitions 元素内的命名空间

8.2.6　使用 SOAP 文档和 Literal 属性值

两个特定属性创建了 SOAP 消息有效负载格式和用于表示有效负载数据的数据类型系统。这些是 soap:binding 元素和分配给 soap:body 元素的 use 属性使用的 style 属性。这两个元素都存在于 WSDL binding 结构中。

如何设置这些属性很重要，因为它与 SOAP 消息内容的结构和表达方式有关。

可以给 style 属性赋值为"document"或"rpc"。前者支持在 SOAP 体内嵌入整个 XML 文档，而后者则被更多的设计为传统的镜像 RPC 通信，因此支持参数类型数据。

use 属性值可以设置为"literal"或"encoded"。SOAP 最初提供了其自身用于表示体系内容的类型系统。之后，并入了支持 XML Schema 数据类型的部分。此属性值指你想要信息使用的系统类型。"literal"设置表示将会应用 XML Schema 数据类型。

当考虑这两个属性时，SOAP 可能支持以下 4 种组合：

- ❏ style:RPC + use:encoded
- ❏ style:RPC + use:literal
- ❏ style:document + use:encoded
- ❏ style:document + use:literal

style:document + use:literal 组合是 SOA 首选，因为它主张 document-style 消息传递模型的理念，这是实现许多 WS-* 规范功能的关键。

案例研究

在构建"员工"服务接口定义的具体部分时，TLS 架构师决定使用 style：document + use:literal 组合，如示例 8-10 所示。

```
<binding name="EmployeeBinding"
  type="tns:EmployeeInterface">
  <soap:binding style="document"
    transport="http://schemas.xmlsoap.org/soap/http"/>
  <operation name="GetWeeklyHoursLimit">
```

```
      <soap:operation
        soapAction="http://www.xmltc.com/soapaction"/>
      <input>
        <soap:body use="literal"/>
      </input>
      <output>
        <soap:body use="literal"/>
      </output>
    </operation>
    <operation name="UpdateHistory">
      <soap:operation
        soapAction="http://www.xmltc.com/soapaction"/>
      <input>
        <soap:body use="literal"/>
      </input>
      <output>
        <soap:body use="literal"/>
      </output>
    </operation>
  </binding>
```

示例 8-10　TLS Employee.wsdl 文档的 binding 结构

第9章 REST 服务及微服务的服务 API 与契约设计

注意

本章的部分内容涉及 "SOA with REST: Principles, Patterns & Constraints" 系列丛书中涵盖的 HTTP 语法和 REST 相关技术。

REST 服务契约通常围绕 HTTP 方法的主要功能而设计，使 REST 服务契约的文档和表达与基于操作的 Web 服务契约明显不同。无需考虑符号差异，在为标准化服务目录建立服务时，设计 REST 服务契约所需的全局首要契约方法才是至关重要的。

特别是使用 REST 服务，可以实现以下好处：

❑ REST 服务契约可以设计为与面向服务分析过程中创建的功能上下文相关的逻辑分组能力。
❑ 约束可以应用于正式标准化资源名称和输入数据表达。
❑ 可以定义和标准化复杂方法，以封装服务和服务消费者之间的一组预定义交互。
❑ 服务消费者需符合服务契约表达，反之亦然。
❑ 业务分析人员可以协助以业务为中心资源和复杂方法的设计，他们也许有助于制定业务逻辑的准确表达和行为模式。

本章为第 7 章中涵盖的面向服务分析阶段建模的候选服务提供了服务契约设计指南。

请注意，REST 服务契约 API 的物理设计可能会暴露一些更适合替代实现介质的功能需求。需要设计更丰富的 API 或交易功能，可以考虑使用基于 SOAP 的 Web 服务，如第 8 章所释。

SOA 模式

根据双协议模式，同一服务目录中的服务可能基于不同的实现介质和通信协议。例如，REST 服务可能与基于 SOAP 的 Web 服务一起存在。

可以进一步应用并行契约和服务外观模式以使同一服务逻辑体能够公开替代服务契约，以支持两种标准通信协议。

9.1 服务模型设计关注点

REST 服务契约基于面向服务分析过程中创建的功能上下文。根据给定上下文中功能的性质，每个服务模型中的服务已被分类。以下是针对每个服务模型而总结的一组服务契约设计注意事项。

9.1.1　实体服务设计

每个实体服务建立与一个或多个相关业务实体相关联的功能边界（如发票、索赔、消费者等）。典型实体服务暴露的服务能力类型关注点集中在处理与实体相关联底层数据的功能上。

REST 实体服务契约通常由服务能力主导，这些服务能力包括固有的幂等和可靠的 GET、PUT 或 DELETE 方法。实体服务可能需要支持根据其他实体服务的更改一致地更新其状态。实体服务还会经常包括查找符合特定标准的实体或实体部分的查询功能，因此返回超链接到相关实体。

若允许复杂方法作为服务目录设计标准的一部分，那么实体服务可以通过使用复杂方法表达的预定义交互补充基于标准 HTTP 方法的能力而获益。

图 9-1 提供了具有两个标准 HTTP 方法和两个复杂方法的实体服务示例。

复杂方法设计部分将在 9.2.8 节介绍。

图 9-1　基于发票业务实体的实体服务，定义了限制服务能力执行发票相关处理的功能范围。这种不可知的发票服务将被重复使用并被同一服务目录中的其他服务组合，以支持需要处理发票相关数据的不同自动化业务流程。这种特定的发票服务契约显示了基于原始方法的两种服务能力和基于复杂方法的两种服务能力

SOA 模式

实体链接模式通常应用于基于 REST 的实体服务。如本章后面所述，REST 服务可以处理由模式表达的数据，例如由 JSON 和 XML Schema 规范提供的数据。特别是通过实体服务，可以高度重视一贯应用规范模式和模式集中模式。

9.1.2　公共服务设计

像实体服务一样，公共服务预期为不可知和可重用的。但是，与实体服务不同，它们通常不具有预定义的功能范围。因此，在完成服务契约之前，我们要为给定公共服务设计允诺面向服务分析阶段中选择的方法和资源组合。

而单一的公共服务组合了相关的服务能力，服务的功能边界可能会有很大差异。图 9-2 展示了作为传统系统包装模式的公共服务。

图 9-2　这个公共服务契约封装了一个传统的人力资源系统（并据此命名）。其公开的服务能力针对存储在底层旧存储库中的数据提供通用的只读数据访问功能。例如，"员工"实体服务（被"验证时间表"任务服务组合）可以调用员工数据相关服务能力来检索数据。这种类型的公共服务提供对员工和人力资源相关数据等几个可用来源之一的访问

SOA 模式

公共服务更有可能支持替代通信协议，这样一来，双协议、并发契约和服务外观模式的应用比实体服务更可能被替代。在公共服务契约设计阶段通常应用的另一种模式是传统包装模式。

9.1.3　微服务设计

适用于微服务契约的主要设计考虑因素是如何处理契约设计的灵活性。由于微服务通常基于有意的非不可知功能上下文，因此它们的服务消费者通常有限。有时候，一个微服务可能只有一个服务消费者。因为我们假设微服务日后不会用来方便其他任何服务消费者（因为它被认为在业务流程之外不可重用），所以应用的一些面向服务原则也是可选的。

最值得注意的是，这包括标准化服务契约原则。Microservice API 在一定程度上可以是非标准的，这样可以方便其各自功能能得以优化，以支持其运行时性能和可靠性要求。这种灵活性进一步转移到服务抽象和服务松耦合原则的应用。

这种设计自由的例外情形主要在于微服务作为更大服务组合的一部分如何相互作用。实现微服务个性化需求的成本，需要靠该微服务作为整体面向服务解决方案一部分的需求比例来权衡。

例如，可能需要在一定程度上应用标准化服务契约原则，以确保微服务契约按照支持代表普通业务文档的标准模式来设计。允许微服务引入非标准模式可能有益于微服务的处理效率，但是对于被转换为剩余服务组合成员使用的标准模式数据的结果数据转换需求也许是不合理的。

图 9-3 显示了第 6 章建模的微服务服务契约。

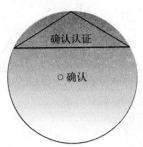

图 9-3　具有单一用途、非不可知功能范围的微服务契约。该服务提供特定于并支持其父业
务流程的 3 种能力

SOA 模式

　　除了双协议、并发契约、服务外观和传统包装模式之外，基于 REST 的微服务通常需要应用微服务部署模式，并且可能应用集装箱化模式。

　　也许会进一步要求在微服务实现环境中复制或冗余部署微服务可能需要访问的工件。如果需要，这些类型的需求可以通过实现模式来解决，例如服务数据复制、冗余实现，甚至组合自治。

9.1.4　任务服务设计

　　任务服务通常具有很少的服务能力，有时仅限于一个。这是因为任务服务契约的主要用途是执行自动化业务流程（或任务）逻辑。服务能力可以基于一个简单动词，例如 Start 或 Process。该动词连同任务服务的名称（表明任务的性质）通常是同步任务所需的。可以添加额外的服务能力来支持异步通信，例如访问状态信息或取消激活状态工作流实例，如图 9-4 所示。

图 9-4　由其名称中的动词识别的任务服务示例。契约仅提供组合启动器使用的服务能力以
执行任务服务逻辑封装的"验证时间表"业务流程。在这种情况下，服务能力接收
用作验证逻辑基础的时间表资源标识符，并且接收消费者生成的唯一支持流程可靠
触发的请求标识符。两个额外的服务能力允许消费者异步检查时间表验证任务的进
度，并可以在进行中取消任务

基于 REST 的任务服务通常会具有 POST 请求触发的服务能力。然而，这种方法本身并不可靠。存在许多技术来实现可靠的 POST，包括附加的报头和响应消息的处理，或者在资源标识符中包含唯一的消费者生成的请求标识符。

为了向参数化任务服务提供输入，任务服务契约将各种标识符同步到能力资源标识符模板（也许已经是 SOAP 消息中的参数）中是有意义的。这样使服务得以释放并公开了其他资源，而非将自定义媒介类型定义为其处理的输入。

若任务服务自动实现长期运行的业务流程，在需要进一步处理步骤时它将会向其消费者返回临时响应。若任务服务包括用于检查或与业务流程（或组合实例）状态交互的附加功能，则其通常将包括链接到初始响应消息中与该状态相关的一个或多个资源的超链接。

案例研究

MUA 遵循经过验证的 REST 服务契约设计技术以及为 MUA 企业专门创建的定制设计标准。架构师使用第 7 章建模的选择候选服务作为其服务契约设计的基础。

授予学生奖项服务契约（任务）

提交奖励授予申请的学生将通过 Web 浏览器进行该任务。因此，单独的用户界面被设计为允许用户输入应用细节。提交这种基于浏览器的表单来启动任务服务。

在收到提交后，服务器端脚本基于以下媒介类型将表单数据组织成 XML 文档：

application/vnd.edu.mua.student-award-conferral-application+xhtml+xml

示例 9-1 展示了一个已提交的申请表，其中填写了从人为用户收集的样本数据。这是一个数据集，它启动并驱动了"授予学生奖项"业务流程整个实例的执行。

```
<?xml version="1.0" encoding="UTF-8"?>
<!DOCTYPE html PUBLIC "-//W3C//DTD XHTML 1.1//EN"
  "http://www.w3.org/TR/xhtml11/DTD/xhtml11.dtd">
<html xmlns="http://www.w3.org/1999/xhtml" xml:lang="en" >
  <head>
    <title>Student Award Conferral Application</title>
  </head>
  <body>
    <p>Student:
      <a rel="student"
        href="http://student.mua.edu/student/555333">
        John Smith (Student Number 555333)
      </a>
    </p>
    <p>Award:
      <a rel="award"
        href="http://award.mua.edu/award/BS/CompSci">
        Bachelor of Science with Computer Science Major
      </a>
    </p>
```

```
    <p>Event:
      <a rel="event"
        href="http://event.mua.edu/achievement">
        Outstanding Achievement
      </a>
    </p>
  </body>
</html>
```

示例 9-1　提交给 Web 服务器的示例应用数据。该文档结构包含可读和机器可处理的信息

图 9-5　"授予学生奖项"服务契约

图 9-5 所示为"授予学生奖项"服务契约。上述媒介类型特意设计为包括适合长期存档格式的人工可读和机器可读数据。该文件被提交至"授予学生奖项"候选服务定义的"开始"能力直接对应的服务能力。

如图 9-5 所示，在本服务契约设计过程中，我们决定添加新的服务能力以提供以下功能：

- DELETE / 任务 / {id}——添加此能力以便终止"授予学生奖项"业务流程的执行实例。
- GET / 任务 / {id}——此能力允许查询"授予学生奖项"业务流程的执行实例状态。

请注意，此类应用程序的敏感性在于 GET/ 任务 /{id} 能力只能由授权人员和学生访问。DELETE / 任务 / {id} 能力仅限于学生访问以取消申请流程。

图 9-6　"事件"服务契约

"事件"（实体）服务契约

事件实体服务配备了 GET / 事件 / {id} 服务能力，用于查询事件信息，且相当于候选事件服务中的"获取详情"候选能力（见图 9-6）。

在面向服务的设计过程中，架构师决定进一步添加 GET/ 事件 / {id} / 日历和 GET / 事件 / {id} / 描述能力，以便检索更具体的事件信息。这些能力的添加并非专门用来支持"授予学生奖项"业务流程，而更多的是为提供更广泛的预期可重用功能。

"奖项"（实体）服务契约

除了实现原本"奖励"候选服务（图 9-6）中的 3 项服务能力外，MUA 的一些 SOA 架构师决定进行进一步更改。

回到第 7 章，MUA 分析师确定"授予学生奖项"任务服务逻辑需包含以下操作：

- 基于"奖项授予原则"审核学生成绩是否符合奖项。

然而，由于每个奖项类型的规则都是具体的，因此他们确定必须是应用了大部分规则的"奖项"实体服务。然而，一些通用检查确实需要应用，因此逻辑一部分分到"授予学生奖项"任务服务，一部分分到"奖项"实体服务。

为了避免所要求的任务服务将完整的成绩单细节传递给"奖项"实体服务进行验证，我们决定使用按需代码的方法。"奖项"实体服务提供逻辑，但逻辑由任务服务执行。基于对生成人工可读输出（对学生）以及机器可读输出（对于"授予学生奖项"服务）的需求来说，在"奖项"实体服务中集中定义逻辑的决策是合理的。因此，实体服务提供了一个新的 GET / 奖项 / 授予规则服务能力（见图 9-7），支持规则逻辑两种格式的输出：第一种为人工可读格式，第二种为易于嵌入任务服务逻辑的格式。

为此目的，MUA 架构师选择 JavaScript，因为他们发现 JavaScript 运行时随时可用于开发目录中服务的许多技术平台。与其他技术相比，JavaScript 也可作为服务目录用户界面层首选语言。

相同的服务能力能够以 JavaScript 或人工可读的 HTML 返回授予规则。关于要进行哪些转换主要取决于服务消费者提供的 Accept 报头。例如，"授予学生奖项"任务服务请求 application/JavaScript 媒介类型，而需要人工可读输出的服务消费者将请求 text/html 媒介类型。

"学生成绩单"（实体）服务契约

"学生"服务最初作为一个集中的实体服务，涵盖所有学生相关的功能和数据访问。然而，在第 7 章涵盖示例之后出现的 REST 服务建模过程的迭代引出了一个服务目录蓝图，从而暴露了比任何服务更粗粒度的"学生"候选服务。主要原因在于"学生"实体的复杂性及其与其他相关实体的关系。

在审查"学生"候选服务后，我们决定创建一套学生相关的实体服务。其中一个更专业的变体成为"学生成绩单"候选服务（见图 9-8）。

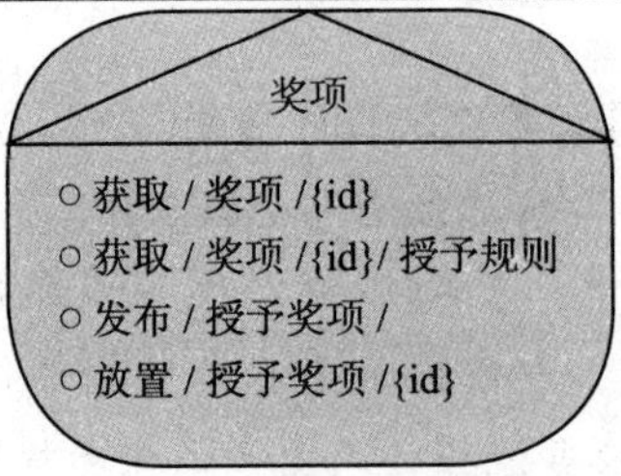

图 9-7 "奖项"服务契约

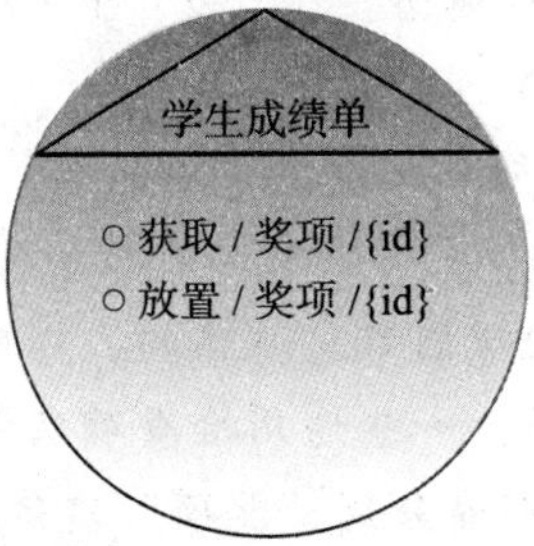

图 9-8 继"学生"候选服务之后定义的"学生成绩单"候选服务。该服务有效地取代了"授予学生奖项"服务组合中的"学生"服务

因为"授予学生奖项"业务流程只需要访问学生成绩单信息，所以只需要撰写"学生成绩单"服务，而非实际的"学生"服务。如图 9-9 所示，"学生成绩单"服务包含与"学生成绩单"候选服务提供的候选服务能力相对应的服务能力。

"通知"和"文档"（公共）服务契约

"通知"服务和"文档"服务处理类似的人工可读数据。通过电子邮件或硬拷贝发送的通知都可以编码为人工可读的文档格式，如 HTML 或 PDF。

在将文档服务演变成以打印机、交付为中心的邮政公共设施服务时，通知服务将被保留用于电子邮件通知。授权学生奖项任务服务可以通过查看原始申请表中的首选交付方式，以优先格式发送文档给学生。

如图 9-10 所示，通知和文档服务均可通过 POST 方法进行一一调用。

图 9-9 学生成绩单服务契约

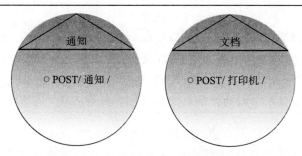

图 9-10　"通知"和"文档"服务契约

　　示例申请表格中的学生（约翰·史密斯）作为"授予学生奖项"任务服务的输入，通过超链接 mailto：s555333@student.mua.edu 推荐他的联系人偏好设置。处理此类地址的服务目录标准是将 URL 转换为 http://notification. mua.edu/sender?to=s555333@student.mua.edu 并使用 POST 方法进行交付。约翰·史密斯的通知将通过电子邮件发送到此地址。

9.2　REST 服务设计指南

　　以下是设计 REST 服务契约的一系列常见指南和注意事项。

9.2.1　统一服务契约设计关注点

　　在制定服务目录统一契约时，我们有责任配备和限制其功能以精简、有效地满足服务目录特有的需求和限制。尽管对于非同寻常的服务目录架构可能需要额外的标准化和定制化格式，但以 Web 为中心技术架构的默认特性仍然能够为服务目录统一契约提供有效的基础。

　　下面的内容将探讨如何定制统一契约（特定方法、媒介类型和例外）的常见因素以满足个别服务目录的需求。

9.2.2　设计和标准化方法

　　当讨论与统一契约相关的方法时，我们认为它是一个请求–响应通信机制的简写，且包含方法、报头、响应码和异常。方法被集中作为统一契约的一部分，以确保特定服务目录内总存在少量的移动信息的方法，随着新的或修订的服务被添加到目录，现有的服务消费者将使用它们正常工作。尽管最小化统一契约中的方法数量很重要，但是当服务目录交互要求时，仍然可以并且应该添加方法。这自然形成为了应对业务变化而发展服务目录。

注意

不太熟悉的 HTTP 方法已经一去不复返。例如，在不同时间，HTTP 规范包括与部分更新或部分存储通信机制一致的 PATCH 方法。PATCH 目前与 IETF 的 RFC 5789 文档中的 HTTP 方法分开指定。其他 IETF 规范（WebDAV 的 RFC 4918 和会话发起协议的 RFC 3261）引入了新的方法以及新的报头和响应码（或其特殊解释）。

HTTP 通过提供一系列基本方法（例如 GET、PUT、DELETE 和 POST）为其奠定了坚实的基础，这些基本方法已通过 Web 使用并被现成软件组件和硬件设备广泛支持而得到证实。但我们也许还需要为服务目录展示其他类型的交互。例如，可以决定添加一个特殊方法用于可靠地触发资源以执行任务最多一次，而不是使用不太可靠的 HTTP POST 方法。

HTTP 被设计为以这些方式进行扩展。HTTP 规范明确支持扩展方法、自定义报头和其他领域可扩展性的概念。我们可以有效地利用 HTTP 的这一功能，只要谨慎添加新的扩展，并以适合目录中实现 HTTP 的服务数量的速率来添加。这样，用于移动数据（服务和消费者需要理解）的选项总数仍然可控。

注意

在本章结尾，我们将探讨一组扩展方法（也称为复杂方法）。每个都使用多个基本的 HTTP 方法或单个基本的 HTTP 方法来执行预定义的、标准化信息交互。

需要创建新方法的常见情况包括：

❑ 可以使用超链接方便地显示请求 – 响应序列对。当它们开始读到动词而非名词时，往往建议在超链接目标上仅有一种方法有效，实际上，我们可以考虑引入一种新方法。例如，发票资源的"客户"超级链接表明 GET 和 PUT 请求可能对客户资源同样有效。但是，"开始交易"超链接或"订阅"超链接表明只有 POST 是有效的，也许意味着需要一个新的方法取而代之。

❑ 在消息报头中可能需要具备必须理解语义的数据。在这种情况下，忽略此元数据的服务可能会导致错误的运行时行为。HTTP 不包括将报头中单个报头或信息标识为"必须理解"的工具。我们可以使用一种新的方法来强制执行此需求，因为自定义方法将被不了解请求的服务自动拒绝（而退回到默认 HTTP 方法将允许服务忽略新的报头信息）。

重要的是要承认，在实现环境中探索供应商多样性时，引入自定义方法可能会产生负面影响。它可能会阻止现成的组件（如高速缓存、负载均衡器、防火墙和各种基于 HTTP 的软件框架）在服务目录内完全运行。只有对基础技术架构和基础设施的影响充分了解时，才能从成熟的服务目录中尝试脱离 HTTP 及其默认方法。

还可以探索创建新方法的一些替代方法。例如，要求多个步骤的服务交互可以使用超链接并通过他们需要做出的请求来引导消费者。可以认为 HTTP 链接报头（RFC 5988）是将这些超链接与实际文档内容分开的符号。

SOA 模式
使用和定制统一界面涉及可重用契约模式的自然应用。

9.2.3　设计和标准化 HTTP 报头

交换元数据消息在面向服务解决方案设计中很常见。我们强调组合一系列服务以在运行时集体自动实现给定任务，所以通常需要一个消息来提供一系列报头信息，这些信息是关于消息如何由中介服务代理和沿其信息路径的服务处理的。

内置 HTTP 报头可以通过多种方式使用：

❑ 添加与请求方法相关的参数，作为替代来使用查询字符串从而表达 URL 中的参数。例如，Accept 报头可以通过提供内容协商数据来补充 GET 方法。

❑ 添加与响应码相关的参数。例如，Location 报头可以与 201 Created 响应码一起使用，以指示新创建资源的标识符。

❑ 传达关于服务或消费者的常规信息。例如，Upgrade 报头可以表示服务消费者支持和偏好一个不同的协议，而 Referrer 报头可以表示消费者在遵循一系列超链接之后来自哪个资源。

这种类型的一般元数据可以与任何 HTTP 方法结合使用。

也可以使用 HTTP 报头来添加丰富的元数据。为此，通常需要自定义报头，这将重新引入确定消息内容是否必须被收件人理解还是可选择性地被忽略的必要性。必须理解具备新方法的语义与必须忽略具备新消息报头的语义的关联，并非 REST 的固有特征，而是 HTTP 的一个特征。

引入可被服务忽略的自定义 HTTP 报头时，可以安全地使用常规 HTTP 方法。在创建现有消息类型新版本的时候，自定义报头向后兼容得以使用。

如 9.2.2 节所述，可以引入新的 HTTP 方法来强制实现必须理解的内容，即将服务设计为支持自定义方法或拒绝方法调用尝试为一体的服务。为了支持此行为，可以使用与现有 Connection 报头相同的格式创建新的 Must-Understand 报头，该报头将列出消息收件人需要理解的所有报头。

若对 HTTP 进行这种修改，负责服务目录的 SOA 治理方案办公室负责确保将这些语义作为目录范围设计标准的一部分而一致实现。若在服务目录中成功创建了自定义的、必须了解的 HTTP 报头，我们可以探索消息元数据的一系列应用程序。例如，我们可以确定模拟消息传递元数据是否可行或合理，例如基于 WS-* 标准的 SOAP 消息传递框架中通常使用的元数据。

虽然可以添加强制可靠性或路由内容（根据 WS-ReliableMessaging 和 WS-Addressing 标准）的自定义报头来重新创建确认和智能负载均衡交互，但 WS-* 功能的其他形式受到 HTTP 协议的内置限制。最突出的示例是使用 WS-Security 来实现消息级安全功能，如加密和数字签名。消息级安全通过实际转换内容来保护消息，使消息路径中的中介者无法读取或更改消息内容。只有具有事先授权的消息收件人才能访问该内容。

HTTP/1.1 中不支持此类消息转换。HTTP 确实具备一些通过 Content-Encoding 报头而转换消息正文的基本功能，但这通常限于邮件正文的压缩，并且不包括报头转换。如果将此功能用于加密，即使消息的正文部分得以保护，消息含义仍然能够在传输过程中被修改或检查。在 HTTP/1.1 中也是不支持消息签名的，因为没有 HTTP 消息签名的规范形式，也没有行业标准确定什么样的中介机构可以对此类消息进行修改。

9.2.4　设计和标准化 HTTP 响应码

HTTP 最初设计为一个通过万维网交换 HTML 页面的同步的、客户端到服务器的协议。这些特性与 REST 约束兼容，使其也适合用作调用 REST 服务能力的协议。

使用 HTTP 开发服务类似于在 Web 服务器上发布动态内容。每个 HTTP 请求调用一个 REST 服务能力，并且该调用以将响应消息返回服务消费者而结束。

给定的响应消息可以包含各种 HTTP 代码中的任何一个，每个 HTTP 代码具有指定的号码。一些代码范围与特定的条件类型相关联，如下所示：

- ❑ 100-199 是用作低级信令机制的信息代码，例如改变协议请求的确认。
- ❑ 200-299 是用于描述各种成功条件的一般成功代码。
- ❑ 300-399 是重定向代码，用于请求消费者重试请求不同的资源标识符，或通过不同的中介。
- ❑ 400-499 代表消费者端错误代码，表示消费者因某种原因产生了无效的请求。
- ❑ 500-599 代表服务端错误代码，表示消费者的请求可能已经有效，但是由于内部原因，服务无法处理。

消费者端和服务端异常类别有助于"分配责任"，但实际上无法使服务消费者从故障中恢复。这是因为尽管 HTTP 提供的代码和原因是标准化的，但服务消费者在接收到响应码时所要求的行为方式却不是标准化的。在对服务目录的服务设计进行标准化时，有必要制定一套约束以指定响应码的具体含义和处理。

表 9-1 为如何设计服务消费者以响应常见响应码的常见描述。

表 9-1　HTTP 响应码和对应的典型消费者行为

响应码	响应词	处理
100	继续	不定
101	切换协议	不定
1xx	其他 1xx 码	失败

（续）

响应码	响应词	处理
200	OK	成功
201	创建	成功
202	接受	成功
203	非权威性信息	成功
204	无内容	成功
205	重置内容	成功
206	部分内容	成功
2xx	其他 2xx 码	成功
300	多个选择	失败
301	永久性移动	不定 （普遍行为：修订资源标识符并重试）
302	已发现	不定
303	见其他	（一般行为：将请求更改为 GET，并用指定资源标识符重试）
304	未修订	成功 （一般行为：返回缓存响应给消费者）
305	使用代理	不定 （一般行为：连接指定代理并重发原消息）
307	临时重定向	不定 （一般行为：重试一次到提名资源识别符）
3xx	其他 3xx	失败
400	错误请求	失败
401	未授权	不定 （一般行为：用正确的凭证重试）
402	需付费	失败
403	强制	失败
404	未发现	若请求 DELETE，则成功，否则失败
405	未经允许的方法	失败
406	未接受	失败
407	代理认证所需	不定 （一般行为：用正确的凭证重试）
408	请求超时	失败
409	冲突	失败
410	消失	若请求 DELETE 则成功，否则失败
411	所需长度	失败
412	前提失败	失败
413	请求实体太大	失败
414	请求 URI 太长	失败
415	不支持的媒介类型	失败

（续）

响应码	响应词	处理
416	请求范围不符合	失败
417	预期失败	失败
4xx	其他 4xx 码	失败
500	内部服务器错误	失败
501	未实现	失败
502	不可用网关	失败
503	不可用服务	若指定了 Retry-After 报头，继续重复此操作；否则，失败
504	网关超时	若请求是幂等的，继续重复此操作；否则，失败
505	不支持 HTTP 版本	失败
5xx	其他 5xx	失败

查看表 9-1 很明显能看出 HTTP 响应码远远超出了成功与失败之间的简单区别。这些响应码为消费者如何应对和恢复异常指明了方向。

我们来看看表 9-1 中的"处理"这列中的一些值：

❑ **重试**表示鼓励消费者重复该请求，同时考虑到响应中指定的任何延迟，例如"503 不可用服务"。这可能意味着再次尝试前的睡眠状态。如果消费者选择不重复请求，则必须将该方法视为失败。

❑ **成功**意味着消费者应将消息传播视为成功的操作，因此无需重复。（请注意，具体的成功代码可能需要更细微的解释。）

❑ **失败**意味着消费者不得不重复请求，尽管它可能会发出一个将响应作为考虑因素的新请求。若无法生成新请求，消费者应将其视为失败的方法。（请注意，具体的故障代码可能需要更细微的解释。）

❑ **不定**意味着消费者需要按照指示的方式修改其请求。该请求不得重复不变，并应生成考虑到响应的新请求。交互的最终结果将取决于新的请求。若消费者无法生成新的请求，则将该代码必须视为失败。

因为 HTTP 是协议而不是一组消息处理逻辑，所以由服务返回的状态码（成功、失败或其他）决定。如前所述，由于消费者行为并不总是通过用于机器交互的 REST 进行了足够的标准化，因此它需要作为 SOA 项目的一部分进行明确和有意义的标准化。

例如，不确定的代码往往表明服务消费者必须使用自定义逻辑来处理这种情况。我们可以通过两种方式来对这些类型的代码进行标准化：

❑ 设计标准可以确定服务逻辑可以发出的和无法发出的不确定代码。

❑ 设计标准可以确定服务消费者逻辑如何解释那些符合的不确定代码。

9.2.5　自定义响应码

HTTP 规范允许对响应码进行扩展。此扩展特色主要在于允许将来的 HTTP 版本引入新的代码。它也被其他一些规范（如 WebDAV）用于定义自定义代码。这通常不太可能靠与新 HTTP 代码冲突的数字完成，可以通过将它们靠近特定范围的结尾来实现（例如，299 不太可能被主要 HTTP 标准使用）。

具体的服务目录可以通过引入自定义响应码作为服务目录设计标准的一部分。为了支持统一契约约束，自定义响应码只能在统一契约级别定义，而不是在 REST 服务契约级别定义。

当创建自定义响应码时，重要的是根据它们的范围进行编号。例如，2xx 代码应该表示通信成功，而 4xx 代码只能表示故障条件。

另外，最好通过 Reason Phrase 来标准化将可读内容插入到 HTTP 响应消息中。例如，代码 400 具有默认原因短语"错误请求"。这对于服务消费者来说足够可以处理作为一般失败的响应，但它对于实际问题并非有效。将原因短语设置为"服务消费者请求缺少客户地址字段"，或者甚至设置为"请求正文对模式的验证失败 http://example.com/customer"更有用，尤其是在查看异常情况日志遇到没有附加完整文件的情况下。

消费者可以关联通用逻辑来处理每个范围内的响应码，但也可能需要将特定逻辑与特定代码相关联。一些代码可以被限制，使得它们仅在消费者请求 HTTP 特殊功能时才生成，这意味着一些代码无法被未请求这些功能的消费者实现。

统一契约异常通常在服务和消费者之间需要的特定新类型交互上下文中进行标准化。它们通常会与一个或多个新方法和 / 或报头一起引入。此上下文将指导创建的异常种类。例如，可能需要引入新的响应码来指示资源锁定而导致的无法满足的请求。（WebDAV 为此提供了 423Locked 代码。）

在引入和标准化服务目录统一契约的自定义响应码时，我们需要确保：

❑ 每个自定义代码合适且绝对必要。

❑ 自定义代码通用且对服务具备高重用性。

❑ 调节服务消费者行为的规范程度且无需受过分约束，以便代码可以适用于大范围的潜在情况。

❑ 设置代码值以避免与相关外部协议规范中的响应码发生潜在冲突。

❑ 设置代码值以避免与其他服务目录中的自定义代码冲突（支持可能需要的潜在跨服务目录信息交换）。

响应码数字范围可以被视为异常继承的一种形式。预期特定范围内的任何代码都将由默认的逻辑集来处理，就像该范围内每个异常的父类型一样。

在本节中，我们简要探讨了 HTTP 背景下的响应码。然而，值得注意的是，REST 可以应用于其他协议（和其他响应码）。它最终是服务目录架构的基本协议，将决定如何报告正常和异常情况。

例如，可以考虑在使用 SOAP 消息时标准化基于 REST 的服务目录，从而产生基于 SOAP 的异常而不是 HTTP 异常代码。这允许将响应码范围替换为异常继承。

9.2.6 设计媒介类型

在服务目录架构的整个生命周期中，我们期望对统一契约媒介类型集进行更多的更改，而不是针对其方法。例如，只要服务或消费者需要传达与任何现有媒介类型格式或模式要求不匹配的机器可读信息，我们就需要新的媒介类型。

网络上针对服务目录和服务契约的一些常见媒介类型包括：

- text/plain;charset = utf-8 用于简单表达式，如 integer 和 string 数据。原始数据可以编码为字符串，根据内建的 XML Schema 数据类型。
- application/xhtml+xml 用于更复杂的列表、表格、可读文本、具有明确关系类型的多媒介链接和基于 microformats.org 的数据和其他规范。
- application/json 用于轻量级的替代 XML，具有编程语言的广泛支持。
- text/uri-list 用于 URI 的普通文本。
- application/atom+xml 用于可读事件信息或其他与时间相关的（按照时间顺序的）数据集。

在开发服务目录内使用的新媒介类型之前，建议首先对可能适合的已创建的行业媒介类型进行搜索。

无论选择现有媒介类型还是创建自定义媒介类型，考虑以下最佳实践颇具意义：

- 理想情况下，每个特定媒介类型均针对一个模式。例如，application / xml 或 application / json 不是模式特定的，而用作联合格式的 application / atom + xml 在内容协商和识别如何处理文档时足以有用。
- 媒介类型应该是抽象的，因为收件人需要通过其模式提取多少信息，它们就指定多少信息。保持媒介类型抽象可以让它们在更多的服务契约中重复使用。
- 新媒介类型应适当重用行业规范中的成熟词汇和概念。这样就降低了错过关键概念或关键概念构建不良的风险，并进一步提高了与具有相同词汇表的其他应用程序的兼容性。
- 当媒介类型需要引用即时文档之外的相关资源时，媒介类型应该包括一个超链接。链接关系类型可以由媒介类型模式定义，或者在某些情况下可以单独定义为链接关系简述文件的一部分。
- 应使用必须忽略语义或其他扩展点来定义自定义媒介类型，这样就会将新数据添加到媒介类型的未来版本，而不会让旧服务和消费者拒绝新版本。
- 媒介类型应使用标准处理指令进行定义，这些指令描述了新处理器如何处理可能缺失某些信息的旧文档。通常这些处理指令确保文档的早期版本具有兼容语义。这样，新服务和消费者就没有必要拒绝旧版本了。

为特定服务目录发明的或从其他来源重新使用的所有媒介类型应与统一方法定义一起被记录在统一契约规范中。

HTTP 使用符合特定语法的 Internet 媒介类型标识符。自定义媒介类型通常用符号：application / vnd.organization.type + supertype 表示，其中 application 是一个常用的前缀，表示该类型用于机器消耗和标准。organization 字段标识了可以选择性地在 IANA 中注册的供应商命名空间。

type 部分是组织中媒介类型的唯一名称，而 supertype 表示此类型是另一种媒介类型的细化。例如，application / vnd.com.examplebooks.purchase-order + xml 可能表示：

- ❑ 该类型用于机器消耗。
- ❑ 该类型是供应商特定的，并且定义了类型的组织是 "examplebooks.com"。
- ❑ 该类型用于采购订单（可能与规范采购订单 XML Schema 相关联）。
- ❑ 该类型是从 XML 派生的，这意味着收件人可以使用 XML 解析器明确处理内容。

用于更一般的组织间使用的类型可以用最终负责定义类型组织的媒介类型命名空间来定义。或者，可以遵循 RFC 4288 规范中定义的流程而无需通过直接注册每种类型的供应商标识信息进行定义。

SOA 模式

内容谈判模式将 REST 服务在运行时处理媒介类型信息的本机能力正式化。

9.2.7　设计媒介类型模式

在服务目录中，用于表示业务数据和文档的大多数自定义媒介类型将使用 XML Schema 或 JSON 模式进行定义。这样可以从根本上创建一套标准化的数据模型，这些数据模型可以被目录内的 REST 服务重用，无论可行性多高。

为了取得成功，特别是对于更大的服务集合，模式需要灵活设计。这意味着，模式通常优先执行粗糙级别的验证约束粒度，它允许每个模式适用于更广泛的数据交互需求。

REST 要求仅在统一契约级别定义媒介类型及其模式。若服务能力需要用于响应消息的唯一数据结构，则它必须使用统一契约提供的规范媒介类型之一。将模式设计为灵活和弱类型可以适应各种特定于服务的消息交换需求，但可能不适用于所有情况。

示例 9-2 展示了灵活模式设计。

```
Media type = application/vnd.com.actioncon.po+xml
<xsd:schema xmlns:xsd="http://www.w3.org/2001/XMLSchema"
  targetNamespace="http://example.org/schema/po"
xmlns="http://example.org/schema/po">
<xsd:element name="LineItemList" type="LineItemListType"/>
<xsd:complexType name="LineItemListType">
  <xsd:element name="LineItem" type="LineItemType"
    minOccurs="0"/>
</xsd:complexType>
<xsd:complexType name="LineItemType">
  <xsd:sequence>
    <xsd:element name="productID" type="xsd:anyURI"/>
```

```
      <xsd:element name="productName" type="xsd:string"/>
      <xsd:element name="available" type="xsd:boolean"
        minOccurs="0"/>
    </xsd:sequence>
  </xsd:complexType>
</xsd:schema>
```

示例 9-2　使媒介类型具备更高重用性最简单的方法之一是设计一个模式，该模式可以包含零个项目或多个项目的列表。这样媒介类型就会支持一个基础类型实例，但也支持一些查询，此类查询往往返回零个或多个实例。使文档中的单个元素具备可选性也可以增加重用潜力

SOA 模式

验证抽象模式提供了一种刻意弱类型 XML Schema 定义的技术（在《 Web Service Contract Design and Versioning for SOA 》的第 6 章、第 12 章和第 13 章中也有介绍）。内容协商模式可以用来使单个 REST 服务支持两种备选模式。

单个 REST 服务契约在技术上可能引入契约特定的 XML Schema，但是要这样做，我们也需要接受一个事实即这违反了统一契约约束。

当服务能力需要生成包含唯一数据（或数据的唯一组合）的响应消息时，这也许是有必要的，因为：

- 不存在合适的规范模式。
- 不应该创建新的规范模式，因为它不会被其他服务重用。

不符合统一契约的后果是在特定服务媒介类型的基础上，服务消费者与提供服务能力的服务之间负耦合水平的潜在增加。应明确标识服务特定的媒介类型，并努力最小化直接公开并依赖这些类型的逻辑数量。

9.2.8　复杂方法设计

统一契约创建了一套用于执行基本数据通信功能的基本方法。正如我们所解释的，这个高层次的功能抽象使统一契约的可重用性达到了让我们能够将其定位为整个服务目录唯一的总体数据交换机制的程度。除了其固有的简单性，服务目录架构的这部分自动实现了服务契约元素和消息交换的基准标准化。

在万维网上 HTTP 的标准化产生了一个协议规范，描述了服务和消费者"可能""应该"或"必须"遵循协议的内容。由此产生的标准化水平只是尽可能地确保 Web 的基本功能。它决定了如何根据个别服务和消费者的逻辑对不同的条件做出响应。这种"原始"标准化水平对 Web 很重要，在任何时候，我们可以让许多国外服务消费者与第三方服务进行互动。

然而，服务目录通常代表 IT 企业中私有的和受控制的环境。这为我们自定义这种标

准化提供了机会，超出了普通和原始方法的使用。当我们对增加可预测性和服务质量的需求超出万维网可以提供的要求时，这种自定义形式可以被证明是合理的。

例如，假设我们想引入一种设计标准，其中所有与会计相关的文件（发票、采购订单、信用记录等）都必须用逻辑检索，在遇到检索失败时，自动重试检索多次。逻辑将进一步要求后续检索以尝试保持代表商业文档的资源状态（不管给定尝试是否成功）。

通过这种设计标准，针对特定类型文档的检索如何进行，我们需要从根本上引入一套规则和需求。这些规则或需求无法通过 HTTP 提供的基本、原始方法表达或执行。相反，除了将它们应用于 HTTP 执行的标准化级别，我们还可以将它们（与其他可能类型的运行时函数一起）组合到聚合交互中。这是*复杂方法*的基础。

复杂方法封装了服务和服务消费者之间预定义的一组交互。这些交互可以包括调用标准的 HTTP 方法。为了更好地区分这些基本方法与封装它们的复杂方法，我们将基础 HTTP 方法称为*原始方法*（仅在讨论复杂方法设计时使用的术语）。

复杂方法被认定为"复杂"，因为它们：

❏ 能够涉及多种原始方法的组合。
❏ 能够多次涉及原始方法的组合。
❏ 能够引入方法调用之外的额外功能。
❏ 能够要求要支持或要包含在消息中的可选报头或属性。

如前所述，复杂方法通常在给定服务目录内自定义和标准化。对于要标准化的复杂方法，我们需要将其作为服务目录架构规范的一部分进行记录。我们可以将一些常见的复杂方法定义为统一契约的一部分，然后可以由服务目录中的所有服务实现。

复杂方法有不同的名称。我们覆盖的复杂方法示例包括：

❏ Fetch——可以从各种异常中恢复的一系列 GET 请求。
❏ Store——可以从各种异常中恢复的一系列 PUT 或 DELETE 请求。
❏ Delta——一系列 GET 请求，使消费者与更改资源状态同步。
❏ Async——支持异步请求消息处理的初始修改请求和后续交互。

支持一个复杂方法的服务通过显示其方法名称作为一个单独服务能力的一部分连同构建复杂方法的原始方法来传达（见图 9–11）。当项目团队为某些服务创建消费者应用程序时，可以通过确定服务支持的复杂方法来确定复杂方法所需的消费者端逻辑，如已发布的服务契约所示。

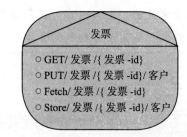

图 9-11　显示了分别基于原始方法和基于复杂方法的两种服务能力的"发票"服务契约。我们最初可以假设这两种复杂方法结合使用两种原始方法，并通过研究记录复杂方法的设计规范来进行确认

发票
○ GET/ 发票 /{ 发票 -id}
○ PUT/ 发票 /{ 发票 -id}/ 客户
○ Fetch/ 发票 /{ 发票 -id}
○ Store/ 发票 /{ 发票 -id}/ 客户

注意

　　将服务抽象原则应用于 REST 服务组合设计时，我们也许会从服务契约中排除完全描述一些原始方法。这可能是在某些情况下只允许使用复杂方法设计标准的结果。回到上一个关于使用复杂方法检索与会计相关文档的示例，我们可能有一个设计标准，禁止通过常规 GET 方法检索这些文档（因为 GET 方法不执行额外的可靠性需求）。

　　重要的是要注意，使用复杂方法并不是必需的。在受控环境之外，即可以安全地定义、标准化和应用复杂方法来达到增强内在互操作性目标的环境，它们的使用是不常见的，通常不推荐。在构建服务目录架构时，我们可以选择通过使用复杂方法来对某些交互进行标准化，也可以选择将 REST 服务交互限制为仅使用原始方法。这一决定将在很大程度上取决于服务目录中服务所解决和自动化的业务需求的不同性质。

　　且不论其名称，复杂方法旨在增加服务目录架构的简单性。例如，假设我们不使用预先定义的复杂方法，就会发现许多被我们应用于众多服务和消费者的常见规则或策略。在这种情况下，我们将在每个消费者–服务对中冗余地构建共同的交互逻辑。由于逻辑未实现标准化，其冗余实现可能会以各种方式存在。当我们需要改变共同的规则或政策时，相应地，我们也需要重新审视每个冗余实现。这种维护负担以及实现继续保持不同步的事实让原本没必要复杂的架构变得错综复杂。这正是使用复杂方法来避免的问题。

　　下面的内容将介绍一套整理为两部分的抽象复杂方法：

❑ 无状态复杂方法

❑ 状态复杂方法

请注意，这些方法绝非行业标准。它们的名称以及它们所包含的信息交互和原始方法调用类型已被自定义以解决常见的功能类型。

注意

　　本章末尾的"案例研究"进一步探讨了这一主题。在这个例子中，为了响应具体的业务需求，定义了两种新的复杂方法（一种无状态的，另一种是有状态的）。

9.2.9　无状态复杂方法

第一个复杂方法集封装了符合无状态约束的信息交互。

Fetch 方法

我们可以构建一个更加复杂的数据检索方法，而不是仅依赖 HTTP GET 方法（及其关联的报头和行为）的单一调用来检索内容，例如：

❑ 自动重试超时或连接失败。

❑ 要求支持运行时内容协商，以确保服务消费者以其所理解的形式接收数据。

❑ 要求重定向支持，以确保服务消费者轻松适应对服务契约所做的更改。

❑ 要求服务支持缓存控制指令，以确保最小延迟、最小带宽使用率和冗余请求的最小处理。

我们将把这种增强只读复杂方法称为 Fetch。图 9-12 展示了为执行内容协商和自动重试而设计的 Fetch 方法预定义信息交互的示例。

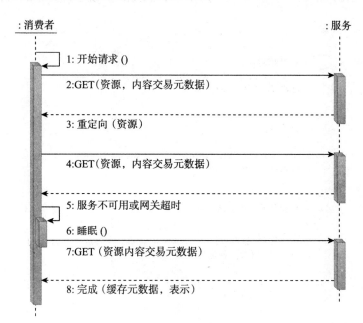

图 9-12　由连续 GET 方法调用组成的 Fetch 复杂方法示例

Store 方法

当使用标准 PUT 或 DELETE 方法添加新资源时，设置现有资源的状态或删除旧资源，服务消费者可能会遇到请求超时或异常响应。虽然 HTTP 规范解释了每个异常的含义，但对于如何处理这些异常并未施加限制。为此，我们可以创建一个自定义 Store 方法来标准化必要的行为。

Store 方法可以具有与 Fetch 相同的功能，例如要求自动重试请求、支持内容协商以及支持重定向异常。使用 PUT 和 DELETE，也可以通过始终发送消费者请求的最新状态来克服低带宽连接，而不需要首先完成先前的请求。

与单个原始 HTTP 方法相同的方法可以是幂等的，Store 方法可以被设计为表现形式上幂等的。基于原始幂等方法建立，任何重复、成功的请求消息在成功执行第一个请求消息之后就变得不再有效。

例如，将发票状态从"未付"设置为"已付款"时：

- "切换"请求不会是幂等的，因为重复请求将状态切换回"未付"。
- 将发票设置为"已付款"时，"PUT"请求是幂等的，因为它具有相同的作用，无论重复请求多少次。

Store 和其底层 PUT 及 DELETE 请求是对服务逻辑的请求，而不是在服务底层数据库上执行的操作，了解这个是很重要的。如图 9-13 所示，这些类型的请求以幂等方式表示，以便有效地允许重试请求，而不需要序列号来添加可靠的消息传递支持。

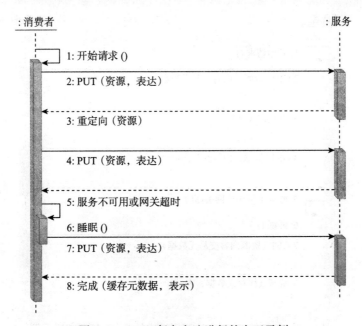

图 9-13　Store 复杂方法进行的交互示例

注意

结合这种类型方法的服务能力是应用幂等能力模式的一个示例。

Delta 方法

服务消费者通常需要与资源不断变化的状态保持同步。Delta 方法是一种同步机制，它有助于实现状态服务与需要与状态保持一致的消费者之间资源改变状态的无状态同步。

Delta 方法遵循基于以下 3 个基本功能的处理逻辑：

1. 该服务保留资源更改的历史记录。

2. 消费者获取一个引用历史记录中位置的 URL，表示消费者最后一次查询的资源状态。

3. 下一次消费者查询资源状态时，服务（使用消费者提供的 URL）返回自上次消费者查询资源状态以来产生的变更列表。

图 9-14 说明了使用一系列 GET 调用。

该服务提供了通过返回资源当前状态来响应 GET 请求的 "主" 资源。在主资源旁边，它提供了一个 "增量" 资源集合，每个资源都从历史缓冲区中的指定点返回变更列表。

Delta 方法的消费者可以周期性激活或者在核心消费者逻辑的请求下激活。若它有一个增量资源标识符，它会将其请求发送到该位置。若没有增量资源标识符，它将检索需要同步的主资源。在相应的响应中，消费者接收链接到历史缓冲区当前点的增量链接。该链接将在关联类型为 Delta 的 Link 报头（RFC 5988）中找到。

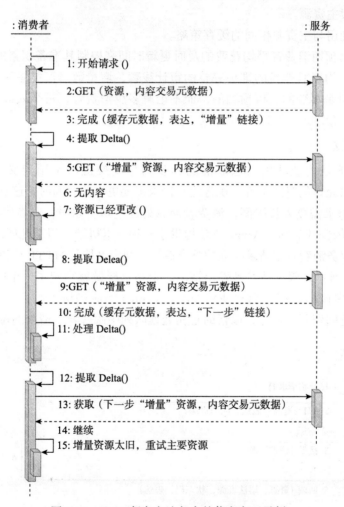

图 9-14　Delta 复杂方法包含的信息交互示例

所请求的增量资源可以是以下任一状态：

1. 它能够代表自增量资源标识符所引用历史记录中的点以来主资源发生的一个或多个变更的集合。在这种情况下，指定点对历史产生的所有变化将与历史缓冲区中当前点对应的新增量的链接一起返回。此链接将在"Link"报头中找到，其关系类型为"Next"。

2. 也许这组变更不存在，因为自历史缓冲区中的指定点以来没有发生变化，在这种情况下，可以返回 204 No Content 响应码，以指示服务消费者已经是最新的并且可以继续使用增量资源进行下一次检索。

3. 变更可能已产生，但增量已过期，因为历史指定点太过陈旧导致所选服务无法保留更改。在这种情况下，资源可以返回 410 Gone 代码，以指示消费者已经无法同步，并且应该重新检索主资源。

增量资源使用与主资源相同的缓存策略。

该服务根据预期消费者平均花费的及时更新时间来控制其准备积累的历史增量数量。在某些情况下，为了其他目的维护完整的审计线索，增量数量可能是无限的。保持此记录所需的空间量是不变的、可预测的，而不论有多少消费者，每个人都能跟踪其在历史记录缓冲区的位置。

Async 方法

这种复杂方法为成功的、已取消的异步信息交换提供了预定义交互。相比标准 HTTP 请求超时允许的时间来说，执行给定请求需要更多的时间时，这是有用的。

通常，若请求需要太长时间，消费者消息处理逻辑将超时，或者中介将向服务消费者返回 504 网关超时响应码。Async 方法提供了一种回退机制，用于处理请求并返回响应，该响应不需要服务消费者在请求交互的整个持续时间内维持其 HTTP 连接处于打开状态。

如图 9-15 所示，服务消费者发出请求，但是这样做就指定了一个回调资源标识符。若服务选择使用该标识符，则它使用 202 Accepted 响应码进行响应，并且选择性地在 Location 报头返回资源标识符，以帮助它在处理队列中跟踪异步请求的位置。

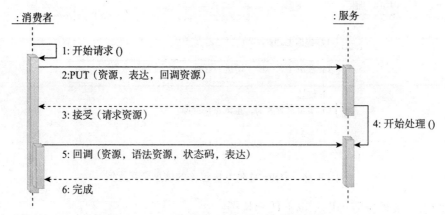

图 9-15 由 Async 复杂方法包含的异步请求交互

当请求被完全处理后，其结果由服务传递，然后向服务消费者的回调地址发出请求。

若服务消费者发出 DELETE 请求（如图 9-16 所示），而 Async 请求仍在处理队列中（并且在返回响应之前），则执行单独的预定义交互以取消异步请求。在这种情况下，不返回任何响应，服务将取消请求的处理。

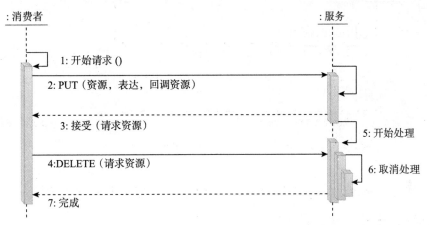

图 9-16　由 Async 复杂方法包含的异步取消交互

　　若消费者无法收听回调请求，则可以使用异步请求标识符定期轮询该服务。在请求成功处理之后，可以在删除异步请求状态之前，使用先前描述的 Fetch 方法来检索其结果。若服务消费者无法接收响应或以其他方式"忘记"删除请求资源，执行此方法所包含的交互的服务必须具备清除旧异步请求的方法。

9.2.10　状态复杂方法

　　以下两个复杂方法使用 REST 作为服务设计的基础，但包含刻意违反无状态约束的交互。尽管这些方法所代表的场景在传统企业应用设计中相对较为普遍，但这种通信并不被认为是万维网本身的。当我们接受设计决策导致可扩展性降低这个事实时，可以使用有状态的复杂方法。

Trans 法

　　Trans 方法基本上提供了在一个服务消费者和一个或多个服务之间执行两阶段提交所必需的交互。在交易中进行的更改确保在所有参与服务中成功扩散，或者所有服务都回滚到原始状态。

　　在执行最终提交或回滚之前，这种复杂方法需要为每个参与者提供"准备"功能。这种功能本身不支持 HTTP。因此，我们需要引入一个自定义的 PREP-PUT 方法（PUT方法的一个变体），如图 9-17 所示。

　　在这个示例中，PREP-PUT 方法等同于 PUT，但它不提交 PUT 操作。使用不同的方法名称以确保若服务不了解如何参与 Trans 复杂方法，则它将拒绝 PREP-PUT 方法，并允许用户中止该事务。

执行典型 Trans 复杂方法背后的逻辑通常需要交易控制器的参与，以确保提交和回滚功能以原子性真实可靠地执行。

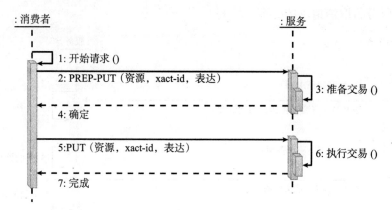

图 9-17　使用名为 PREP-PUT 的自定义原始方法的 Trans 复杂方法

PubSub 方法

在决定刻意违反无状态约束之后，可以使用各种发布 – 订阅选项。这些机制类型被设计为支持实时交互，其中当给定资源发生某些预定事件时，服务消费者必须立即行动。

这种复杂方法可以设计成多种方式。图 9–18 说明了将发布 – 订阅消息传递视为"缓存无效"机制的方法。

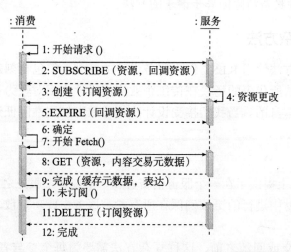

图 9-18　基于缓存的无效消息的 PubSub 复杂方法示例。当服务确定某个内容在一个或多个资源上发生变化时，会向其订阅者发出缓存过期通知。然后，每个用户可以使用 Fetch 复杂方法（或等同方法）让用户针对更改进行更新

这种形式的发布 – 订阅交互被认为是"轻量级"，因为它不需要服务来向用户发送实际更改。而是通过推出资源标识符来通知他们资源已经改变，然后随着服务消费者拉动

已更改资源的新表示，重用现有的可缓存 Fetch 方法。

　　管理这些订阅所需的状态量将与每个服务消费者固定大小的记录绑定。若将针对特定订阅事件的多个无效消息排队，则可以将它们折叠成一个单一的通知。无论消费者是否收到一个或多个无效消息，它仍然只需要调用一个 Fetch 方法，以便在每次看到一个或多个新的无效消息时将其自身的资源状态保持在最新状态。

　　可以进一步调整 PubSub 方法，将订阅负载和会话状态存储分发到网络周围的不同位置。这种技术在自然提供多个分布式存储资源的基于云的环境中特别有效。

SOA 模式

　　可以应用事件驱动消息模式支持这种复杂方法。它提供了对资源重复轮询的替代方法，若轮询频率增加以最小延迟检测变化，则可能会对性能产生负面影响。

案例研究

　　负责服务设计的 MUA 团队面临访问和更新资源状态的一些需求。例如：

- 一个服务消费者需要原子地读取资源状态、执行处理并将更新状态存储回资源。
- 另一个服务消费者需要支持修改同一资源的并发用户操作。这些操作会更新某些资源属性，而其他需要保持不变。

　　允许单个服务消费者包含执行这些类型功能的不同自定义逻辑，这样会不经意地在任何两个服务消费者同时尝试更新同一资源时产生问题并导致运行时异常。

　　MUA 架构师认为，避免这种情况最简单的方法是引入一种新的复杂方法，以确保在给定消费者更新资源的同时锁定资源。使用乐观锁定的规则，通常与数据库更新一起使用，它们能够创建无状态复杂方法，并利用 HTTP 协议的现有标准功能。他们命名该方法为 "OptLock"，并写出作为统一契约概要文件一部分的官方描述。

OptLock 复杂方法

　　若两个单独的服务消费者试图同时更新资源状态，则其操作将明显相互冲突，因为结果取决于其请求到达服务的顺序。OptLock 方法（见图 9-19）通过提供一种方式来解决此问题，鉴于消费者最后读取资源状态，因此他们可以在尝试更新之前确定资源的状态是否已更改。

　　具体来说，消费者将使用 Fetch 方法首先检索与资源标识符相关联的当前状态。除了数据外，消费者也会接收 "ETag"。ETag 源于 HTTP 概念，它以一种非透明方式独特地标识资源版本。只要资源改变状态，就能保证 ETag 是有差异的。当服务消费者启动 Store 时，若资源的 ETag 与获取时已有的 ETag 匹配，则通过请求仅尊崇 Store 交互的服务视情况启动。

　　OptLock 复杂方法无法向 HTTP 提供任何新功能，但是为处理 GET 和 PUT 请求引入了新需求。特别是，GET 请求必须返回一个 ETag 值，PUT 请求必须处理 If-Match 报头。另外，若资源已经改变了，那么必须进一步保证服务不执行 PUT 请求。

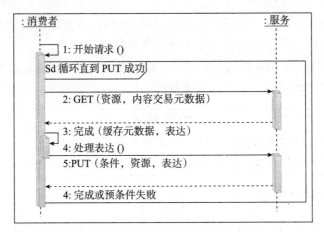

图 9-19　OptLock 复杂方法示例

有几种计算 ETag 的技术。一些计算状态信息外与资源相关的 hash 值，一些仅仅简单地维护每个资源的“最近一次修改”时间戳，还有一些跟踪明确的资源状态版本。

OptLock 复杂方法也许无法有效地扩展对特定资源的并发访问。若消费者更新请求被 HTTP 409 Conflict 响应码拒绝，则 OptLock 方法规定了消费者如何通过提取新版本的资源来重新计算更改并重试存储方法。但是，由于更新请求冲突，这可能会再次失败。以这种方式与资源交互的服务消费者依赖具有相对较低写入访问速率的特定资源。

作为统一契约的一部分，OptLock 复杂方法变得可用，并由多个服务实现。但是，出现多个消费者试图同时修改资源的场景，并且会导致常规异常和失败的更新。这些情况发生在高峰使用时间，并且由于并发使用量预计会进一步增加，因此确定需要建立更有效的方式来对资源进行更新。

建议根据以下 PesLock 复杂方法描述，改变 OptLock 复杂方法以执行悲观锁。

PesLock 复杂方法

悲观锁比乐观锁能提供更大的灵活性和确定性。从 REST 角度来看，提倡悲观锁就是以引入状态交互和限制并发访问为代价的。

如图 9-20 所示，HTTP 的 WebDAV 扩展提供了可以在刻意违反无状态约束的组合架构中使用的锁定主类型。一个消费者可能会锁定他人访问资源，因此必须注意适当的访问控制策略到位。在锁定时消费者也可能失败，这意味着锁定必须能够独立超时而不受注册它们的消费者的限制。

这样，服务消费者将能够锁定资源，只要能够读取状态、修改，并再次写入就可以。虽然其他服务消费者在尝试更新消费者已锁定的资源的同时仍然会遇到异常，但这因为比管理资源的不可预测性更到位而可作为乐观锁模型的一部分。

图 9-20　PesLoc 复杂方法示例

所有 MUA 架构师都不接受此解决方案，因为保留对资源的锁定需要破坏无状态约束。它可能进一步带来开锁失败、影响性能和可扩展性的危险。特别是，当资源公开给一些恶意消费者时，他们可能会对其他消费者进行拒绝服务的攻击，除非采取适当措施以确保只有授权的消费者才能锁定资源。

经过进一步讨论，我们达成一致，决定首先尝试 OptLock 方法。

作为回退，若消费者尝试 3 次失败，它将尝试使用有状态的 PesLock 方法来确保它能够完成该操作。

第 10 章　Web 服务及 REST 服务的服务 API 与契约版本控制

> **注意**
>
> 本章提供了许多代码示例，帮助演示各种版本控制场景和方法。请注意，这些代码示例与之前章节的案例研究中提供的任何代码示例无关。

在部署服务契约之后，消费者程序自然会开始形成依赖关系。当随后被迫修改契约时，我们需要弄清楚：

- 这些变化是否会对现有（和潜在的未来）服务消费者产生负面影响？
- 如何实现和传达对消费者会或者不会造成影响的变化？

这些问题要求我们进行版本控制。每当将版本控制概念引入 SOA 项目时，可能会引出一些问题，例如：

- 究竟是什么构成了新版本的服务契约？主要和次要版本有什么区别？
- 版本号各个部分代表什么？
- 新版本契约是否仍然适用于现有正在使用旧版本契约的消费者？
- 当前版本契约是否适用于具有不同数据交换需求的新消费者？
- 在最小化对消费者的影响时，添加更改到现有契约的最佳方式是什么？
- 我们需要同时提供新旧契约吗？如果是，会是多久？

我们将讨论这些问题，并提供一组解决常见版本问题的选项。接下来我们首先介绍服务契约版本控制的一些基本概念、术语和策略。

10.1　版本控制的基本要素

当我们说正在创建一个新版本的服务契约时，这究竟指的是什么呢？以下部分将介绍一些基本术语和概念，并进一步区分 Web 服务契约和 REST 服务契约。

10.1.1　Web 服务版本控制

正如我们在本书中多次建立的，Web 服务契约可以由多个单独的文档和定义组成，它们链接和组合在一起形成一个完整的技术界面。

例如，给定的 Web 服务契约可能包括：

- □ 一个（有时更多）WSDL 定义。
- □ 一个（通常更多）XML Schema 定义。
- □ 一些（有时没有）WS-Policy 定义。

此外，这些定义文档中的每一个都可以由其他 Web 服务契约共享。例如：

- □ 集中的 XML Schema 定义通常由多个 WSDL 定义使用。
- □ 集中的 WS-Policy 定义通常应用于多个 WSDL 定义。
- □ 抽象的 WSDL 描述可以通过多个具体的 WSDL 描述导入，反之亦然。

在 Web 服务契约的所有不同部分中，创建基本技术接口的部分是 WSDL 定义的抽象描述。这代表 Web 服务契约的核心，然后通过模式定义、策略定义和一个或多个具体的 WSDL 描述进一步扩展和详细描述。

当我们需要创建一个新版本的 Web 服务契约时，可以假设抽象 WSDL 描述或与抽象 WSDL 描述相关的契约文档之一发生了变化。通常修改的 Web 服务契约内容是 XML Schema 内容，它主要提供抽象描述消息定义类型。最后，我们讲的就是 WS-Policy，因为它是 Web 服务契约中不太常见的部分，即使其他契约相关的技术仍然可以施加版本控制需求，但又不太可能简单地这样做。

10.1.2　REST 服务版本控制

如果我们遵循 REST 模型即使用统一契约来表达服务能力，则在服务契约之间的共享定义文件更加明确。例如：

- □ 契约中使用的所有 HTTP 方法的标准都是贯穿整个架构的。
- □ XML Schema 定义包含在通用媒体类型中，因此它们是标准的。
- □ 轻量级服务端点（称为资源）的标识符语法是以贯穿整个架构为标准的。

对每个服务契约基本要素的更改可能会影响服务目录中的任何 REST 服务。

10.1.3　粒度的精细与粗糙限制

不管 XML Schema 是否与 Web 服务或 REST 服务一起使用，版本控制更改通常与模式定义中表达的约束数量或粒度的增加或减少有关。因此，我们简要回顾一下关于类型定义的术语约束粒度的含义。

注意示例 10-1 中的粗体和斜体部分。

```
<xsd:element name="LineItem" type="LineItemType"/>
<xsd:complexType name="LineItemType">
  <xsd:sequence>
    <xsd:element name="productID" type="xsd:string"/>
    <xsd:element name="productName" type="xsd:string"/>
    <xsd:any minOccurs="0" maxOccurs="unbounded"
      namespace="##any" processContents="lax"/>
  </xsd:sequence>
  <xsd:anyAttribute namespace="##any"/>
```

```
    <xsd:anyAttribute namespace="##any"/>
</xsd:complexType>
```

示例 10-1　complexType 结构包含粒度的精细与粗糙限制

如粗体文本所示，具有特定名称和数据类型的元素代表具有精细级别约束粒度的消息定义。所有消息实例（根据此结构将创建的实际 XML 文档）必须符合这些约束才能被认为是有效的（这就是为什么这些约束被认为是绝对的"最小"约束）。

斜体文本显示了此复杂类型也包含的元素和属性通配符。这些代表消息定义部分，具有非常*粗略*的约束粒度级别，因为消息根本不需要符合消息定义的这些部分。

术语细粒度和粗粒度的使用具有高度主观性。在一个契约中可能是细粒度约束但也许在另一个中就不是了。关键是要了解如何在比较消息定义某些部分或者将不同的消息定义相互比较时应用这些术语。

10.2　版本控制和兼容性

在开发和部署新版本的服务契约时，首要关注的问题是新版契约对企业其他部分的影响，因为这些部分已经形成或将要形成对契约的依赖关系。这种影响的度量直接关系到新版本与旧版本及其周边环境的兼容性。

本节确定了与新契约版本内容和设计相关的基本类型的兼容性，并且也符合本章末尾介绍的不同版本策略的目标和限制。

10.2.1　后向兼容

新版本服务契约被认为是*后向兼容*的，因为它继续支持能够与旧版本配合使用的消费者程序。从设计角度来看，新契约未能影响正在使用契约的现有消费者程序，这意味着新契约没有改变。

Web 服务的后向兼容

示例 10-2 为一个后向兼容变更的简单实例，该示例基于向现有 WSDL 定义添加新操作：

```
<definitions name="Purchase Order" targetNamespace=
  "http://actioncon.com/contract/po"
xmlns="http://schemas.xmlsoap.org/wsdl/"
xmlns:tns="http://actioncon.com/contract/po"
xmlns:po="http://actioncon.com/schema/po">
...
<portType name="ptPurchaseOrder">
  <operation name="opSubmitOrder">
    <input message="tns:msgSubmitOrderRequest"/>
    <output message="tns:msgSubmitOrderResponse"/>
  </operation>
  <operation name="opCheckOrderStatus">
```

```
        <input message="tns:msgCheckOrderRequest"/>
        <output message="tns:msgCheckOrderResponse"/>
      </operation>
      <operation name="opChangeOrder">
        <input message="tns:msgChangeOrderRequest"/>
        <output message="tns:msgChangeOrderResponse"/>
      </operation>
      <operation name="opCancelOrder">
        <input message="tns:msgCancelOrderRequest"/>
        <output message="tns:msgCancelOrderResponse"/>
      </operation>
      <operation name="opGetOrder">
        <input message="tns:msgGetOrderRequest"/>
        <output message="tns:msgGetOrderResponse"/>
      </operation>
  </portType>
</definitions>
```

示例 10-2　　添加新操作代表了常见的后向兼容变更

通过添加全新的操作，我们正在创建一个新版本契约，但这种变化是后向兼容的，不会影响任何现有的消费者。新服务实现将继续配合老服务消费者，因为现有服务消费者可能调用的所有操作仍然存在，并且继续满足先前服务契约版本的需求。

REST 服务的后向兼容

对 REST 兼容服务契约的后向兼容变更可能涉及向现有资源添加一些新资源或新能力。在这些情况下，现有的服务消费者只会在旧资源上调用旧方法，这些旧资源将继续像以前那样工作。

如示例 10-3 所示，支持现有服务消费者不使用的新方法导致了后向兼容变更。但是，在具有多个 REST 服务的服务目录中，我们可以采取措施确保新服务消费者继续使用旧版本服务。

```
Service: po.actioncon.com
Capabilities:
POST /orders
      In = application/vnd.com.actioncon.po+xml
GET /orders/{order-id}/status
      Out = text/plain
PUT /orders/{order-id}
      In = application/vnd.com.actioncon.po+xml
DELETE /orders/{order-id}
GET /orders/{order-id}
      Out = application/vnd.com.actioncon.po+xml
```

示例 10-3　　在资源上添加新资源或新支持的方法是对 REST 服务的后向兼容变更

如示例 10-4 所示，若是服务报告了新方法未实现，对服务消费者来说以合理的方式进行交互很重要。

```
Legal methods for actioncon.com service inventory:
* GET
* PUT
```

```
* DELETE
* POST
* SUBSCRIBE (consumers must fall back to periodic GET if service
reports "not implemented")
```

示例 10-4　添加到服务目录统一契约中的新方法需要为服务消费者提供一种方法，以便在
　　　　　真正后向兼容的情况下"回退"到先前使用的方法上

对模式和媒体类型的变更以不同的方式进行后向兼容，因为它们描述了如何为传输而编码信息，并经常运用于请求和响应消息中。后向兼容的重点在于新消息收件人是否可以了解传统来源发送的信息。换句话说，新处理器必须继续了解存量消息发生器产出的信息。

对于后向兼容的消息定义模式所做的变更示例是添加可选元素（如示例 10-5 中的粗体标记代码所示）。

```
Media type = application/vnd.com.actioncon.po+xml
<xsd:schema xmlns:xsd="http://www.w3.org/2001/XMLSchema"
  targetNamespace="http://actioncon.com/schema/po"
  xmlns="http://actioncon.com/schema/po">
<xsd:element name="LineItem" type="LineItemType"/>
<xsd:complexType name="LineItemType">
  <xsd:sequence>
    <xsd:element name="productID" type="xsd:string"/>
    <xsd:element name="productName" type="xsd:string"/>
    <xsd:element name="available" type="xsd:boolean"
      minOccurs="0"/>
  </xsd:sequence>
</xsd:complexType>
</xsd:schema>
```

示例 10-5　在 XML Schema 定义中，添加可选元素也被认为是后向兼容的

在这里，我们使用简化版"采购订单服务"XMLSchema 定义。

将可选的 available 元素添加到 LineItemType 复杂类型。这对现有生成器没有影响，因为它们不需要在消息中提供此元素。如果新处理器要保持后向兼容，则新处理器必须为处理新信息而设计。

将上一个示例中的任何现有元素从"必需"改为"可选"（通过添加 minOccurs = "0"设置）也将被视为后向兼容变更。当我们控制如何选择设计下一个版本的 Web 服务契约时，通常可以实现后向兼容。但是，强制性变更（例如法律或法规规定的）通常会迫使我们破坏后向兼容。

注意

本章末尾解释的灵活和松散的版本控制策略都支持后向兼容。

10.2.2　前向兼容

当服务契约以这样的方式设计，即支持一系列未来的消费者程序时，被认为具有

一定程度的前向兼容性。这意味着随着时间的推移，契约基本上可以适应消费者计划的发展。

支持 Web 服务操作或统一契约方法的前向兼容需要契约中存在异常类型，这样服务消费者在尝试调用新的和不受支持的操作或方法时可以随时恢复正常。例如，响应"未实现的方法"能够让服务消费者检测到该响应正在处理不兼容的服务，从而允许它正常处理此异常。

重新定向异常代码帮助实现统一契约的 REST 服务在需要时变更契约中的资源标识符。这是服务契约能够让传统服务消费者在契约变更发生后继续使用服务的另一种方式（示例 10-6）。

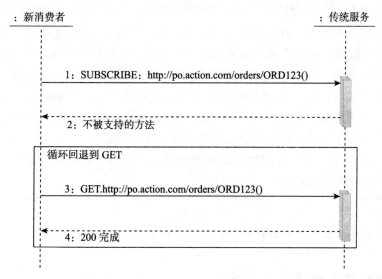

示例 10-6　在不了解可重用契约或统一契约方式时，REST 服务通过引发异常来确保前向兼容性

在 REST 服务中，模式的前向兼容性要求显示扩展点，可以添加新信息，以便存量处理器可以安全地忽略它们。

例如：

❑ 关于处理器无法拒绝根据新模式格式化的文档的任何验证。

❑ 处理器可能需要的所有现有信息必须保留在模式的后续版本中。

❑ 添加到模式的任何新信息对于旧版处理器来说必须是安全的，如果处理器必须了解新信息，那么变更就不可能是前向兼容的。

❑ 处理器必须忽略它不理解的任何信息。

要确保验证不拒绝该模式的未来版本，常见方法是在早期版本中使用通配符。这样就有了扩展点，在将来的模式版本中可以将新信息添加到这些扩展点，如示例 10-7 所示。

```
<xsd:schema xmlns:xsd="http://www.w3.org/2001/XMLSchema"
  targetNamespace="http://actioncon.com/schema/po"
  xmlns="http://actioncon.com/schema/po">
  <xsd:element name="LineItem" type="LineItemType"/>
  <xsd:complexType name="LineItemType">
    <xsd:sequence>
      <xsd:element name="productID" type="xsd:string"/>
      <xsd:element name="productName" type="xsd:string"/>
      <xsd:any namespace="##any" processContents="lax"
        minOccurs="0" maxOccurs="unbounded"/>
    </xsd:sequence>
    <xsd:anyAttribute namespace="##any"/>
  </xsd:complexType>
</xsd:schema>
```

示例 10-7　为了支持消息定义中的前向兼容性通常需要使用 XML Schema 通配符

在此示例中，添加了 xsd:any 和 xsd:anyAttribute 元素，这样服务契约就可以接受一系列未知元素和数据。换句话说，该模式正在提前设计，以适应未来的意外变化。

重要的是要明白，在前向兼容的服务契约中构建扩展点绝不意味着在进行契约变更时不需要考虑兼容性问题。如果足够安全且达到处理器可以忽略的程度，则新信息只能以前向兼容的方式添加到模式中。当发现最初尝试调用的操作不被支持时，若服务消费者存在一个现有操作可以依赖，则新操作只能做成前向兼容的。

具有前向兼容契约的服务通常不能处理所有消息内容。其契约简单地设计为能够接受设计阶段更广泛的未知数据。

注意

前向兼容性构成了简要解释的松散版本策略的基础。

10.2.3　兼容性变更

当我们改变不会对现有消费者产生负面影响的服务契约时，变更本身就被认为是兼容性变更。

注意

在本书中，术语"兼容性变更"是指默认情况下的前向兼容性。当用于参考前向兼容性时，进一步限定为**前向兼容性变更**。

兼容性变更的一个简单示例是当我们将元素的 minOccurs 属性从"1"设置为"0"时，有效地将所需元素转换为可选元素，如示例 10-8 所示。

```
<xsd:schema xmlns:xsd="http://www.w3.org/2001/XMLSchema"
  targetNamespace="http://actioncon.com/schema/po"
  xmlns="http://actioncon.com/schema/po">
  <xsd:element name="LineItem" type="LineItemType"/>
  <xsd:complexType name="LineItemType">
    <xsd:sequence>
```

```
        <xsd:element name="productID" type="xsd:string"/>
        <xsd:element name="productName" type="xsd:string"
          minOccurs="0"/>
        <xsd:element name="available" type="xsd:boolean"
          minOccurs="0"/>
      </xsd:sequence>
    </xsd:complexType>
</xsd:schema>
```

示例 10-8　minOccurs 属性的默认值为 "1"。因此,因为此属性以前不在 productName 元素
　　　　　声明中,所以认为它是必需元素。添加 minOccurs ="0" 设置将其变为可选元素,
　　　　　从而导致兼容性变更(请注意,对来源于服务的消息输出进行此变更将是非兼容
　　　　　性变更)

这种类型的更改不会影响现有消费者程序,即用于将元素值发送到 Web 服务的程序,也不会影响未来消费者程序,即可设计为选择性发送元素的程序。

当我们首次添加了可选的 available 元素声明时,另一个兼容性变更示例在早些的示例 10-3 中已经提供。尽管我们用一个全新元素扩展了这个类型,但它是可选的,因此被认为是兼容性变更。

以下是常见兼容性变更列表:

❑ 添加新的 WSDL 操作定义和关联的消息定义。

❑ 向现有 REST 资源添加新的标准方法。

❑ 添加一组新的 REST 资源。

❑ 使用重定向响应码更改一组 REST 资源的标识符(包括拆分和合并服务),以便于将 REST 服务消费者迁移到新的标识符。

❑ 添加新的 WSDL 端口类型定义和关联的操作定义。

❑ 添加新的 WSDL 绑定和服务定义。

❑ 扩展现有的统一契约方法,使 REST 服务足以安全地忽略这些方法,REST 服务可能会退回旧的服务逻辑(例如,添加 "If-None-Match" 作为 HTTP GET 操作的功能,如果服务忽略它,消费者仍将获得当前正确的资源表达)。

❑ 当服务不理解要使用的方法(消费者可以从此异常中恢复)时,如果存在异常响应,则添加新的统一契约方法。

❑ 向消息定义添加新的可选 XML Schema 元素或属性声明。

❑ 减少用于输入消息的 XML Schema 元素或消息定义类型的属性约束粒度。

❑ 向消息定义类型添加新的 XML Schema 通配符。

❑ 添加新的可选 WS-Policy 声明。

❑ 添加新的 WS-Policy 替代方案。

10.2.4　非兼容性变更

如果变更后,契约不再与消费者兼容,则认为已经收到非兼容性变更。这些是可以

打破现有契约的变更类型，因此在版本控制方面面临最大的挑战。

注意

默认情况下，"非兼容性变更"一词也表示后向兼容性。影响前向兼容性的非兼容性变更将被限定为"前向非兼容性变更"。

回到我们的例子，如果我们将元素的 minOccurs 属性从"0"设置为零以上的任何数字，那么我们为输入消息引入非兼容性变更，如示例 10-9 所示：

```
<xsd:schema xmlns:xsd="http://www.w3.org/2001/XMLSchema"
  targetNamespace="http://actioncon.com/schema/po"
  xmlns="http://actioncon.com/schema/po">
  <xsd:element name="LineItem" type="LineItemType"/>
  <xsd:complexType name="LineItemType">
    <xsd:sequence>
      <xsd:element name="productID" type="xsd:string"/>
      <xsd:element name="productName" type="xsd:string"
      minOccurs="3"/>
      <xsd:element name="available" type="xsd:boolean"
        minOccurs="3"/>
    </xsd:sequence>
  </xsd:complexType>
</xsd:schema>
```

示例 10-9　增加任何已创建元素声明的 minOccurs 属性值是一项自动的非兼容性变更

现在需要的是一个可选元素。这肯定会影响不符合新约束条件的现有消费者，因为添加新的必需元素会给契约带来强制约束。

常见的非兼容性变更包括：

❑ 重命名现有的 WSDL 操作定义。

❑ 移除现有的 WSDL 操作定义。

❑ 更改现有 WSDL 操作定义的 MEP。

❑ 向现有 WSDL 操作定义添加错误信息。

❑ 向消息定义添加新的必需的 XML Schema 元素或属性声明。

❑ 增加消息定义的 XML Schema 元素或属性声明的约束粒度。

❑ 在消息定义中重命名可选或必需的 XML Schema 元素或属性。

❑ 从消息定义中删除可选或必需的 XML Schema 元素、属性或通配符。

❑ 添加所需的新 WS-Policy 声明或表达式。

❑ 添加一个新的可忽略的 WS-Policy 表达式（大部分时间）。

服务契约版本控制的大部分挑战往往来自非兼容性变更。

10.3　REST　服务兼容性关注点

一个给定服务目录中的 REST 服务通常为每个资源共享统一契约，包括统一的方法和媒体类型。在请求和响应中都使用相同的媒体类型，新统一契约各方面被重用的次数要比被添加的次数多。强调重用 REST 兼容服务目录中的服务契约就需要强调一些特殊因素，因为统一契约的变更会自动影响一系列服务消费者，具体原因如下：

❑ 统一契约方法由所有服务共享。

❑ 统一契约媒体类型由服务和服务消费者共享。

因此，后向兼容性和前向兼容性的考虑因素几乎同样重要。

SOA 模式

利用模式集中模式而不一定兼容 REST 的服务契约，通常需要对前向兼容性和后向兼容性给予类似的严格视图。

统一的契约方法将服务与消费者之间可能发生的互动种类进行编排。例如，GET 编码"获取一些数据"，而 PUT 编码"存储一些数据"。

由于在相同服务目录中的 REST 服务之间发生的交互类型往往相对有限和稳定，所以与媒体类型或资源相比，方法通常会以较低的速度进行更改。兼容性问题通常涉及一组允许的方法，只有在仔细考虑的情况下才会更改。

HTTP 兼容变更的示例是向 GET 请求添加 If-None-Match 报头。若服务消费者知道其获取资源的最后版本（或 etag），则能够让他的 GET 请求成为有条件的。If-None-Match 报头允许消费者声明若资源版本与消费者最后一次获取版本相同，则不应执行 GET 请求。相反，它将返回正常的 GET 响应，尽管它将在非最佳模式下执行。

对 HTTP 的非兼容变更示例之一是用于支持 Web 服务器多宿主的 Host 报头的添加。HTTP／1.0 不需要将服务的名称包含在请求消息中，但是 HTTP／1.1 确实需要 Host 报头。若缺少特殊的 Host 报头，则 HTTP／1.1 服务必须拒绝请求，因为格式不正确。然而，HTTP／1.1 服务还需要后向兼容，因此如果 HTTP／1.0 请求进入 REST 服务，它仍将根据 HTTP／1.0 规则进行处理。

统一契约媒体类型可以进一步对 REST 服务和消费者之间交换的信息种类进行编码。如前所述，媒体类型倾向于在统一契约中以比 HTTP 方法更快的速度发生变化。然而，媒体类型仍然比资源变化得更慢。兼容性变更更多的是媒体类型的实时关注，我们可以制定一些更为一般的规则来处理它们。

例如，如果消息的生成器向消息的处理器指示其符合特定的媒体类型，则处理器通常不需要知道使用哪个版本的模式，也不需要针对相同版本的模式构建处理器。处理器期望特定媒体类型的所有版本模式都是前向兼容的，并后向兼容其支持的类型。同样，生成器希望当它产生符合特定模式版本的消息时，消息的所有处理器都能理解该消息。

对模式进行非兼容性变更时，通常需要新的媒体类型标识符来确保：

❑ 处理器可以根据媒体类型标识符来决定如何解析文档。

❑ 服务和消费者能够为生成消息时处理器所理解的特定媒体类型进行协商。

内容协商是确保 REST 兼容服务目录中兼容性的最终回退。获取交互通常指消费者向服务指示它所能支持的媒体类型，并且服务返回它所能支持的最合适的类型。该机制允许根据需要对媒体类型进行非兼容性变更。

> **注意**
>
> 更好地了解与媒体类型相关的版本控制问题的一种方法是查看它们在 HTML 中的使用方式。HTML 兼容性变更不会引出新媒体类型的示例是将 abbr 元素添加到 HTML 语言 4.0 版本。该元素能够让 HTML 文档的新处理器支持鼠标悬停以扩展网页上的缩写，并更好地支持页面的可访问性。传统处理器安全地忽略扩展，但会继续正确显示缩写本身。
>
> 需要新媒体类型的 HTML 非兼容性变更示例是将 HTML 4.0 转换为 XML（产生 XHTML 1.0 版本）。传统 SGML 版本的媒体类型仍然是 text / html，而 XML 版本成为 application / xhtml + xml。
>
> 两种类型之间可以进行内容协商，并且根据服务指定的类型，处理器可以选择正确的解析器和验证策略。
>
> 还对 HTML 进行了一些非兼容性变更，而不改变媒体类型。HTML 4.0 已弃用 APPLET、BASEFONT、CENTER、DIR、FONT、ISINDEX、MENU、S、STRIKE 和支持较新元素的 U 元素。这些元素必须继续被理解，但它们在 HTML 文档中的使用正在逐步淘汰。HTML 4.0 将 LISTING、PLAINTEXT 和 XMP 淘汰。这些元素不应该在 HTML 4.0 文档中使用，不再需要被理解。
>
> 长时间弃用元素，一旦不再被现有服务或消费者使用，最终将其标识为已淘汰的技术，即可以用于 REST 媒体类型以逐步更新模式而不必更改媒体类型的技术。

10.4　版本标识符

与 Web 服务契约设计相关的最基本的设计模式之一是版本识别模式。它本质上主张版本号应该被清楚地表达出来，不仅仅是在契约层面上，而是直接到基于消息定义的模式版本。

建立有效的版本控制策略的第一步是确定在 Web 服务契约中识别和表达版本本身的常用手段。

版本几乎总是通过版本号来表达的。最常见的格式是十进制，后跟一个句点，然后是另一个十进制，如下所示：

version = "2.0"

有时，会看到更多的句点加上十进制对，这样可以得到更详细的版本号：

version = "2.0.1.1"

与这些数字相关联的典型含义是变更的衡量或象征。增加第一个十进制一般表示软件中的主要版本更改（或升级），而第一个句点后的小数通常表示各种级别的次要版本更改。

从兼容性的角度来看，我们可以将这些数字的附加含义相关联。具体来说，行业中出现了以下惯例：

❑ 期望次要版本与主要版本相关的其他次要版本后向兼容。例如，程序的版本 5.2 应与 5.0 和 5.1 版完全后向兼容。

❑ 通常期望主要版本不与属于其他主要版本的程序后向兼容。这意味着程序版本 5.0 预计不会与版本 4.0 后向兼容。

注意

第三个"补丁"版本号也有时用于表示前向兼容和后向兼容的变更。通常，这些版本旨在仅阐明模式，或修复在部署后发现的模式问题。例如，期望版本 5.2.1 与版本 5.2.0 完全兼容，但为了更清晰，可能还要做一些添加。

这种通过主版本号和次版本号来表示兼容性的惯例称为兼容性保证。被称为"工作量"的另一种方法就是使用版本号来表达进行变更所付出的努力。次要版本的增加表示不值得一提的努力，而主要版本的增加可以预见性地代表许多工作。

这两个约定可以合而为一。结果是，版本号通常会如前所述继续表达兼容性，但是它们有时会增加几位数，这取决于创建每个版本所付出的努力。

有各种语法选项可用于表达版本号。例如，你可能已经注意到，XML 文档的开始是一个可以包含一个数字的声明语句，这个数字能够表达正在使用的 XML 规范版本：

```
<?xml version="1.0"?>
```

与 root xsd：schema 元素可以使用相同的版本属性，如下所示：

```
<xsd:schema version="2.0" ...>
```

可以通过将其分配给你定义的任何元素来进一步创建此属性的自定义变体（在这种情况下，不需要命名属性"version"）。

```
<LineItem version="2.0">
```

另一种自定义方法是将主要版本号嵌入命名空间或媒体类型标识符，如下所示：

```
<LineItem xmlns="http://actioncon.com/schema/po/v2">
```

```
application/vnd.com.actioncon.po.v2+xml
```

请注意，在将 XML Schema 进行版本控制时，在命名空间中使用日期值已成为常见约定，如下所示：

```
<LineItem xmlns="http://actioncon.com/schema/po/2010/09">
```

在这种情况下，那就是作为主要版本标识符的变更日期。为了使 XML Schema 定义版本的表达与 WSDL 定义版本保持一致，我们在接下来的示例中使用版本号而不是日期值。但是，当 XML Schema 定义作为独立数据架构的一部分且被单独拥有时，模式版本标识符与 WSDL 定义所使用的标识符不同。

无论选择哪个选项，重要的是考虑规范版本控制模式，这些模式规定版本信息的表达必须在服务目录边界内的所有服务契约中进行标准化。在较大的环境中，通常需要一个中央机构可以保证版本信息的线性、一致性和描述质量。这些约定类型牵扯到如何表达服务终止信息，如《Web service Contract Design and Versioning for SOA》的第 23 章中进一步探讨的那样。

SOA 模式

当然，也可能需要配合可能已经实现了版本控制约束的第三方模式和 WSDL 定义。在这种情况下，可以应用规范版本控制模式的程度将受到限制。

10.5　版本控制策略

没有一个版本控制方法适合所有人。由于版本控制代表了服务整体生命周期中一个与治理相关的阶段，因此那是遵守与任何企业不同的约定、偏好和需求的一项实践。

尽管 WSDL、XML Schema 以及包含 Web 服务契约的 WS-Policy 内容没有事实上的版本控制技术，但是出现了许多常见和主张的版本控制方法，每种方法都有自己的优势和权衡。

在本节中，我们列出以下 3 个常见策略：

- ❑ 严格——任何兼容或非兼容变更都会产生新版服务契约。这种方法不支持后向兼容性。
- ❑ 弹性——任何非兼容性变更都会产生新版服务契约，并且契约旨在支持后向兼容，但不支持前向兼容。
- ❑ 松散——任何非兼容性变更都会产生新版服务契约，并且契约旨在支持后向兼容和前向兼容。

这些策略将在下面中单独解释。

10.5.1　严格策略（新变更，新契约）

对 Web 服务契约版本控制最简单的方法是，要求在对契约的任何部分进行任何变更时，发布契约的新版本。

通常与契约相关的 WSDL、XML Schema 或 WS-Policy 内容进行兼容或非兼容变更时，通过更改 WSDL 定义（以及可能的 XML Schema 定义）的目标命名空间值来实现。

命名空间用于版本标识符而非版本属性，因为更改命名空间值将自动强制对所有消费者程序进行变更，这些消费者程序需要访问定义消息类型的新版模式。

这种"超严格"的做法并不是那么实际，但是当对 Web 服务契约修改有法律影响时，例如当发布某些组织间数据交换的契约时，它是最安全的，并且有时是有必要的。由于兼容和非兼容性变更会产生新版契约，因此此方法既不支持后向兼容也不支持前向兼容。

优缺点

这一策略的优点是可以完全控制服务契约的发展，并且由于后向兼容被刻意忽略，不需要特别关注任何变化的影响（因为所有变更都会有效地破坏契约）。

缺点是，通过强加新的命名空间对契约进行每次变更，保证所有现有的服务消费者不再与任何新版本契约兼容，消费者只能继续与 Web 服务进行联通，而旧版契约在新版之前仍然保持可用，或直到消费者自己更新才能符合新契约。

因此，这种做法会增加个别服务的治理负担，需要谨慎的过渡策略。具有同一服务的两个或多个版本同时存在可能成为支持服务目录基础设施需要准备的常见需求。

10.5.2　弹性策略（后向兼容）

用于平衡实际注意事项并尝试最小化 Web 服务契约变更影响的常用方法是允许进行兼容性变更而不强制新版契约，也不会试图支持前向兼容。

这意味着任何后向兼容变更均被认为是安全的，因为它最终扩展或扩充已创建的契约，而不会影响任何服务的现有消费者。一个常见的例子是向 WSDL 定义添加新操作或向消息模式定义添加可选元素声明。

有了"严格"策略，任何打破现有契约的变更确实会产生新版契约，通常通过更改 WSDL 定义的目标命名空间值以及潜在的 XML Schema 定义实现。

优缺点

这种方法的主要优点在于它可以用于适应各种变化，同时保持契约的后向兼容性。但是，当进行兼容性变更时，这些变更将成为永久性的，若不引入非兼容性变更则不能进行更改。因此，需要在每个拟定变更进行评估的过程中进行管理，以使契约不会过度膨胀或复杂。这对于高度重用的不可知服务来说是一个特别重要的考虑因素。

10.5.3　松散策略（反向和前向兼容）

与前两种方法一样，此策略要求非兼容性变更产生新版服务契约。这里的区别在于如何设计最初的服务契约。

代替适应已知的数据交换需求，WSDL、XML Schema 和 WS-Policy 语言的特殊功能可以用于使合同的一部分内容可扩展，以使其能够支持广泛的未来数据交换需求。例如：

❏ 由 WSDL 2.0 语言提供的 anyType 属性值允许消息由任何有效的 XML 文档组成。

❑ XML Schema 通配符可用于在消息定义中传递一系列未知数据。

❑ 可以定义可忽略的政策声明来传达服务特征，这些服务特征可以由未来消费者确认。

与前向兼容性相关的这些和其他功能在《Web Service Contract Design and Versioning for SOA》中讨论

优缺点

通配符允许未定义内容通过 Web 服务契约传递，这样就为进一步扩大可接受的消息元素和数据内容范围提供了不断的机会。另一方面，使用通配符自然会导致模糊和过度粗糙的服务契约，将验证的负担置于底层服务逻辑上。

10.5.4　策略总结

表 10-1 所示为基于 3 个基本特征对 3 种策略进行比较的总体概述。

表 10-1　3 种版本策略的一般比较

	策略		
	严格	弹性	松散
严格性	高	中	低
治理影响	高	中	高
复杂性	低	中	高

表中使用的形成这种对比基础的 3 个特征如下：

❑ *严格性*——契约版本控制选项的严格性。严格策略显然是版本规则中最僵硬的，而由于依赖通配符，松散策略提供了最广泛的版本控制选项。

❑ *治理影响*——策略所施加的治理负担。严格和松散的方法都会增加治理影响，但原因不同。严格策略要求发布更多新的契约版本，影响周边的消费者和基础设施，而松散策略则引入了未知信息集的概念，此信息集需要通过自定义编程而分别实现。

❑ *复杂性*——版本控制过程的整体复杂性。由于使用通配符和未知消息数据，松散策略具有最高的复杂性潜力，而形成严格方法基础的简单规则成为了最简单的选项。

在整个比较过程中，弹性策略提供了一种代表严格程度、治理工作和整体复杂性的平均水平方法。

10.6　REST 服务版本控制关注点

共享相同统一契约的 REST 服务为以下内容维护单独的版本规范：

- ❑ 所述资源标识符语法的版本号或规范（根据"请求注释 6986 - 统一资源标识符（URI）：通用语法"规范）。
- ❑ 合法方法的集合、状态代码和其他交互协议详细信息的规范（根据"请求注释 2616 - 超文本传输协议 - HTTP / 1.1"规范）。
- ❑ 合法媒体类型的个别规格（例如：HTML 4.01 和"请求注释 4287 - 原子联合格式"规范）。
- ❑ 使用合法资源标识符语法、方法和媒体类型的服务契约的单独规范。

统一契约的每一部分都是独立于其他部分进行规定和版本化的。更改任何一个规范通常不需要更新或版本化另一个规范。同样，更改统一契约任何方面的规格均不需要更改单独的服务契约或版本号。

最后一点与一些常规版本策略相矛盾。我们也许会想到若服务契约中使用的模式发生变化，那么服务契约就需要修改。然而，REST 服务有维持前向兼容性和后向兼容性的趋势。若 REST 服务消费者发送符合较新模式的消息，则该服务可以处理它，就像它符合较旧的模式一样。如果这些模式之间的兼容性得到维护，则服务将正常运行。同样，若服务将符合旧模式的消息返回给消费者，则较新的服务消费者仍然可以正确地处理消息。

当所使用的媒体类型被废弃时，或者当模式进展到服务所依赖的元素和属性正在逐渐淘汰时，REST 服务契约只需要直接考虑统一契约的版本控制。发生这种情况时，服务契约以及其处理媒体类型的底层服务逻辑都需要更新。

第三部分

附　　录

附录 A 面向服务原则参考

本附录提供了本书所引用的面向服务原则的概况表。如第 1 章所述，每个主要参考资料都附有本附录中相应简述表的页码。

每个简述表包含以下部分：

- 短定义——简洁、单一声明定义，确定了原则的根本目的。
- 长定义——对原则的更长描述，提供更多关于它要完成的内容的细节。
- 目标——从原则的应用中预期的具体设计目标的列表。本质上，这个列表提供了原理实现的最终结果。
- 设计特征——通过应用原则可以实现的具体设计特征列表。这提供了一些关于原则如何最终形成服务的见解。
- 实现需求——有效应用设计原则的常见先决条件列表。这些可以框定从技术到组织需求的范围。

请注意，这些简述表仅提供原则的汇总版本。《SOA Principles of Service Design》一书中提供了涵盖八大面向服务设计原则（包括案例研究）的全面介绍。

要获取更多"Prentice Hall Service Technology Series from Thomas Erl"系列书籍中关于上述和其他标题的信息，请访问 www.servicetechbooks.com。关于面向服务主题内容总结，也可以在 www.serviceorientation.com 上找到。

表 A-1　标准化服务契约原则简述文件

标准化服务契约（Standardized Service Contract）	
短定义	共享标准化契约的服务
长定义	同一服务目录内的服务符合相同的契约设计标准
目标	• 在服务目录边界内实现服务有意义的自然互操作性。因为用于信息交换的数据模型是一致的，对数据转换的需要也因此减少 • 这样，了解服务的目的和能力就更容易、更直观。通过服务契约表达的服务功能的一致性提高了服务目录中服务端点的可解释性和整体可预测性 请注意，这些目标也得到其他面向服务原则的进一步支持
设计特征	• 该服务提供了服务契约（由技术接口、一个或多个服务描述文件组成） • 服务契约通过应用设计标准进行标准化
实现需求	契约需要标准化，这个事实为不具备使用标准历史记录的组织带来了重要的实现需求。 例如： • 在交付任何服务之前，设计标准和惯例需要最理想地实现，以确保适当的范围标准化（对于已经生成特殊 Web 服务的组织，可能需要采用改装策略） • 需要引入正式的过程，以确保服务被一致地建模和设计，并结合公认的设计原则、惯例和标准

（续）

标准化服务契约（Standardized Service Contract）
• 由于实现标准化服务契约通常需要"契约优先"方式的面向服务设计，所以这种原则的全面应用往往需要使用能够导入定制服务契约而无需变更的开发工具 • 需要合适的技能来进行所选工具的建模和设计过程。在使用 Web 服务时，需要高水平的 XML Schema 和精通的 WSDL 语言能力实际上是不可避免的。也可能需要 WS-Policy 专业知识 　这些和其他需求加起来能够形成显著的过渡工作，且远远超出了技术采用

表 A-2 服务松耦合原则简述文件

服务松耦合（Service Loose Coupling）	
短定义	服务松耦合
长定义	服务契约规定了低消费者耦合要求，本身与周围环境解耦
目标	通过持续促进服务内部和之间耦合的减少，我们正在努力实现一个状态，即服务契约独立于其实现并且服务彼此之间越来越独立。这样，服务及其消费者随着时间的推移会自然而然地适应发展环境，对彼此的影响最小
设计特征	• 服务契约的存在理想地使服务与技术和实现细节解耦 • 不依赖于外部逻辑的功能服务上下文 • 最小化消费者耦合需求
实现需求	• 通常需要松耦合的服务来执行更多的运行时处理，而非更紧密地耦合。因此，一般来说，数据交换可以消耗更多的运行时资源，特别是在并发访问和高频使用情况下 • 实现合适的耦合平衡，同时支持影响契约设计的其他面向服务原则，需要提高服务契约设计水平

表 A-3 服务抽象原理简述文件

服务抽象（Service Abstraction）	
短定义	抽象出非基本的服务信息
长定义	服务契约只包含基本信息，有关服务的信息仅限于服务契约中公布的内容
目标	许多其他原则强调需要在服务契约中发布更多信息。这一原则的主要作用是保持契约内容的数量和细节简洁平衡，避免对服务细节不必要的访问
设计特征	• 服务始终将与技术、逻辑和功能相关的具体信息从外部世界（服务边界之外的世界）抽象出来 • 服务具有简明地定义交互需求和约束以及其他所需服务元细节的契约 • 除了在服务契约中记录的内容之外，有关服务的信息被控制或完全隐藏在特定环境中
实现需求	为每个服务实现适当的抽象级别的主要先决条件是应用服务契约设计技能的水平

表 A-4 服务可重用性原则简述文件

服务可重用性（Service Reusability）	
短定义	服务是可重用的
长定义	服务包含并显示不可知逻辑，可以定位为可重用的企业资源
目标	服务可重用性的目标与面向服务计算的一些最具战略性的目标直接相关： • 允许服务逻辑随着时间的推移而被重复利用，从而在提供服务的初始投资上实现越来越高的回报 • 通过广泛的服务组合快速实现未来业务自动化需求，从而提高组织层面的业务灵活性 • 实现不可知的服务模式 • 创造具有高比例不可知服务的服务目录

（续）

服务可重用性（Service Reusability）	
设计特征	• 由服务封装的逻辑与对任何一个使用场景不可知的上下文相关联，因此被认为是可重用的 • 由服务封装的逻辑是足够通用的，可以通过不同类型的服务消费者来实现大量使用场景 • 服务契约足够灵活以处理一系列输入和输出消息 • 服务是以方便多个消费者程序同时访问而设计的
实现需求	从实现的角度来看，服务可重用性可能是我们迄今为止所涵盖的最重要的原则。以下是创建可重用服务并支持其长期存在的常见需求： • 可扩展的运行时主机环境，能够实现高到极致的并发服务使用。一旦服务目录相对成熟，可重复使用的服务可以在越来越多的组合中发现 • 一个稳固的版本控制系统合理发展代表可重用服务的契约 • 服务分析师和具有高度专业知识的设计师，可以确保服务边界和契约准确地表达服务的可重用功能上下文 • 高水平的服务开发和商业软件开发专业知识，将基础逻辑结构化为通用和可分解的组件和例程 这些和其他需求强调了服务交付团队人员配置的合理性、强大且可扩展的主机环境和基础设施的重要性

表 A-5　服务自治原则简述文件

服务自治（Service Autonomy）	
短定义	服务是自治的
长定义	服务对其底层运行时执行环境进行高度的控制
目标	• 提高服务运行时的可靠性、性能和可预测性，特别是在重用和组合时 • 增加服务在其运行时环境中的控制量 通过追求自主设计和运行时环境，我们本质上旨在增加对服务和其自身执行环境控制的后实现控制
设计特征	• 服务具有表达明确定义功能边界的契约，不应与其他服务重叠 • 服务部署在执行大量（最好是排他级别）控制的环境中 • 服务实例由适应可扩展性的高并发环境托管
实现需求	• 对服务逻辑如何设计和开发的高度控制。根据所要求的自治水平，这也可能涉及对支持的数据模型的控制 • 分布式部署环境，以便根据需要移动、隔离或组合服务 • 能够支持期望自治水平的基础设施

表格 A-6　服务无状态原则简述文件

服务无状态（Service Statelessness）	
短定义	服务将状态最小化
长定义	服务通过必要时推迟状态信息的管理来最小化资源消耗
目标	• 增强服务可扩展性 • 支持不可知服务逻辑的设计，提高服务重用的潜力
设计特征	服务无状态能够促进临时性质的服务条件，正是因为这一事实才产生了这个独特原则。根据所使用的服务模式和状态推迟方法，可以实现不同类型的设计特征。其中一些示例包括： • 高度不可知业务流程逻辑，这样服务不用专门为了保留任何特定父业务流程状态信息而设计 • 较少约束的服务契约，以便在运行时接收和传输更广泛的状态数据 • 更多的阐释性编程例程能够解析由消息传递的一系列状态信息并响应一系列相应的操作请求

（续）

	服务无状态（Service Statelessness）
实现需求	虽然状态推迟可以减少内存和系统资源的总体消耗，但是以无状态因素设计的服务也可能引入一些性能需求，这些需求与延迟状态数据的运行时检索和阐释相关。以下是可用于评估供应商技术和目标部署位置对无状态服务设计支持的常见需求简要清单： • 运行时环境应允许服务以高效方式从空闲状态转换到活动处理状态
	• 应提供企业级或高性能的 XML 解析器和硬件加速器（和 SOAP 处理器），这样作为 Web 服务实现的服务就能够以更少的性能约束更有效地解析较大的消息有效载荷 • Web 服务可能需要支持附件的使用，以便消息包含不经过接口级验证或翻译为本地格式的有效载荷数据主体 　平均无状态服务在环境中所需的实现支持性质将取决于在面向服务架构中使用的状态延迟方法

表 A-7　服务可发现性原则简述文件

	服务可发现性（Service Discoverability）
短定义	服务是可发现的
长定义	服务有沟通元数据的补充，可以有效地被发现和阐释
目标	• 服务被定位为企业内高度可发现的资源 • 清楚地表达每个服务的目的和功能，以便人类和软件程序来阐释 　实现这些目标需要有远见卓识和对服务本身性质的认识。根据正在设计的服务模式类型，实现这一原则可能需要业务和技术专业知识
设计特征	• 服务契约配有合适的元数据，在提交服务发现的查询时将被正确引用 • 服务契约进一步配备了向人类明确传达其目的和功能的其他元信息 • 若存在服务注册表，则注册表记录将按照刚刚描述的元信息进行填充 • 若服务注册表不存在，服务配置文件将作为补充服务契约并形成未来注册表记录的基础
实现需求	• 设计标准——治理用于使服务契约具备可发现性和可阐释性的元信息，也指导了服务契约如何、何时应进一步补充注释 • 设计标准——创建了契约之外记录服务元信息的一致方法。这些信息是在补充文件中收集的，以准备服务注册表，或者被放置在注册表中 　你可能已经注意到实现需求列表中没有服务注册表。如前所述，这一原则的目标是在服务内部实现设计特性，而不是在架构内

表 A-8　服务组合原则简述文件

	服务可组合性（Service Composability）
短定义	服务是可组合的
长定义	服务是有效的组合参与者，无需考虑组合物的大小和复杂性
目标	在讨论服务可组合性的目标时，服务可重用性的大部分目标都适用。这是因为服务组合通常被证明是一种服务重用形式。实际上，你可能还记得，我们为服务可重用性原则列出的目标之一是实现广泛的服务组合 　然而，除了简单地实现重用，服务组合还提供了一种媒介，通过这种媒介可以实现通常被归类为面向服务计算的最终目标。创建包含解决方案逻辑的企业，其中这些解决方案逻辑以具备高度可重用服务的服务目录为代表，我们通过服务组合提供了大量满足未来业务自动化需求的方式方法

（续）

服务可组合性（Service Composability）	
组合成员能力设计特征	理想情况下，每个服务能力（特别是提供可重用逻辑的服务）被认为是潜在的组合成员。这基本上意味着由服务可重用性原则建立的设计特征与构建有效的组合成员同样重要。 　　此外，这一原则还强调了两个特征： • 该服务需要具有高效的执行环境。比起管理并发性、更重要的是高度调整组合成员执行其各自处理的效率 • 服务契约需要弹性，以便实现用于类似功能的不同类型的数据交换需求。这通常与契约能力相关，因为契约能力能够以不同的粒度级别交换相同类型的数据 　　这些品质不仅仅是重复使用的方式，主要在于能够优化其运行时处理职责以支持多个且同时组合的服务
组合控制器能力设计特征	组合成员通常还需要充当不同组合配置中的控制器或子控制器。然而，设计为指定控制器的服务通常从对组合成员的许多高性能要求中释放。 　　因此，这些类型的服务具有自己的一套设计特征： • 由指定的控制器封装的逻辑几乎总是局限于单个业务任务。使用任务服务模型常常会导致该模型的共同特征被应用于该类型服务 • 虽然指定的控制器可能是可重用的，但服务重用通常不是主要的设计因素。因此，服务可重用性促成的设计特征在适当的情况下被考虑和应用，但对于不可知服务应用的通常情况较少 • 指定的控制人员与组合成员一样严格强调无状态。根据周围架构可用的状态推迟选项，指定控制器有时可能需要按照保持完整状态来设计，而底层组成员执行其整体任务的各自部分 　　当然，作为控制器的任何能力都可以成为更大组合的成员，这也将之前列出的组合成员设计特征作为考虑因素

附录 B REST 约束条件参考

本附录提供了本书引用的 REST 约束简述表。如第 1 章所述，每个约束引用都附有本附录中其对应的简述表页码。

每个简述表包含以下部分：

- 短定义——简洁、单一声明定义，确定约束的基本目的。
- 长定义——对约束的更长描述，提供更多关于它要完成的内容细节。
- 应用——应用约束的常见步骤和需求列表。
- 影响——应用约束可能产生的积极和消极影响列表。
- 与 REST 的关系——关于约束如何与其他约束和整体 REST 架构相关的简要说明。
- 相关 REST 目标——与此约束的应用相关并与之相关的 REST 设计目标列表。
- 相关的面向服务原则——与约束相关的面向服务原则的列表。
- 相关 SOA 模式——与约束相关的 SOA 设计模式列表。

请注意，这些简述表仅提供约束的汇总版本。REST 约束的完整覆盖，包括案例研究，在《 SOA with REST: Principles, Patterns & Constraints for Building Enterprise Solutions with REST 》一书中已有介绍。

要获取更多" Prentice Hall Service Technology Series from Thomas Erl "系列书籍中关于上述和其他标题的信息，请访问 www.servicetechbooks.com。有关 REST 相关主题的总结内容，请访问 www.whatisrest.com 网站。

客户端服务器（Client-Server）	
短定义	解决方案逻辑分为消费者和服务逻辑，两者共享技术契约
长定义	业务自动化逻辑被组织成由消费者和服务逻辑单元组成的解决方案。服务消费者通过发送消息主动地调用服务能力，所发送的消息是符合已发布的技术服务契约的。服务被动地等待处理请求信息，并按照技术契约回复其收据
应用	• 解决方案逻辑必须经历一个关注点分离过程。这将逻辑划分为解决定义关注点的单元。组合这些逻辑单元从而形成运行时的解决方案 • 消费者对服务的需求知识以及服务对消费者所需的知识仅限于共享技术契约的内容
影响	• 服务逻辑可以变得更具可扩展性和可重用性，因为它不必实现消费者特定的逻辑 • 服务和消费者逻辑由于各自的信息隐藏而简化 • 服务和消费者实现可以以不需要更改共享契约的方式独立发展 • 服务和消费者之间违反共享技术契约的互操作是禁止的，这样可能潜在失去优化解决方案架构的机会
与 REST 的关系	这是一个基本约束，定义了服务、消费者和它们共享技术契约之间的分离。所有其他约束引用这些工件，因此建立在此约束上

（续）

客户端服务器（Client-Server）

相关 REST 目标	可修改性、可扩展性
相关的面向服务原则	服务松耦合、服务抽象
相关 SOA 模式	能力组合、契约非正常化、解耦契约、功能分解

无状态 (Stateless)

短定义	与服务消费者的请求 / 响应消息交换之间的服务仍然是无状态的
长定义	服务与消费者之间的通信受到监管，以便消费者提供服务所需的所有数据来了解每个消费者的请求。在请求消息中，不允许该服务保留任何特定于消费者实例交互的状态数据，从而允许其以无状态条件存在。相反，会话状态在每个请求结束时推迟到消费者
应用	• 消费者逻辑必须设计为保留请求之间的状态数据，并发出包含状态数据的请求消息 • 请求消息必须包含服务处理请求所需的所有状态数据，并且服务必须能够在发出响应时"忘记"状态数据，而不会影响整体交互 • 因为该服务仅在消费者积极向其请求时参与解决方案的自动化，所以在请求消息之间服务是"静止"的，因此 CPU、内存或网络资源不代表消费者 • 该服务不能用来存储特定于服务消费者运行时实例的数据。但是，该服务仍然可以存储与其自己功能上下文相关的数据
影响	• 消费者负责维护状态数据可以缓解服务存储和复制与个人消费者程序相关的潜在易失性数据的压力 • 将请求信息之间的会话状态延迟给消费者释放服务内存资源，这样服务就可以以并发请求数量扩展而非以并发消费者总数量进行扩展 • 消息可以被服务所理解，而无需检查早期的消息。这可以简化服务逻辑设计，并进一步减少调试的复杂性 • 重复传输潜在冗余状态数据可能会额外增加网络流量和处理开销 • 状态数据的可靠性可能会受到积极和消极影响：服务实例故障可以正常处理，因为服务不保留状态，但是服务消费者故障可能会导致状态数据的丢失
与 REST 的关系	虽然此约束建立在客户端服务器上，但它有助于启用缓存和分层系统
相关 REST 目标	可修改性、可扩展性、性能（负面）、可见性、可靠性
相关的面向服务原则	服务无状态
相关 SOA 模式	状态发送中

缓存（Cache）

短定义	服务消费者可以缓存和重用响应消息数据
长定义	由先前响应消息提供的数据可以由服务消费者临时存储和重复使用，以供稍后请求消息
应用	• 服务设计必须符合：能产生准确的缓存控制元数据并将其作为响应消息返回。响应消息被标记为可高速缓存或不可缓存，具有显式消息元数据或契约定义的一部分 • 可选的消费者端或中间缓存存储库使得消费者能够重用可缓存的响应数据用于稍后请求消息 • 请求消息必须是可比较的，以确定它们是否等同 • 契约必须包括关于响应的可缓存性明确语句，或必须能够缓存包含在响应中的控制元数据

（续）

缓存（Cache）	
影响	• 通过消除发送和处理重复响应消息的需要，运行时效率得到了提升 • 缓存提供了一种强大而简单的机制来对其消费者执行服务状态数据的"懒惰复制" • 某些形式的缓存数据如果不定期检查和更新，可能会变得陈旧而过时
与 REST 的关系	客户端服务器 {307} 和无状态 {308} 的应用不允许一些已创建的、用于将数据推送给消费者的技术的存在。缓存约束提供了一种其他约束所允许的机制，并且产生一种简单、可靠的架构来重用和优化数据分布
相关 REST 目标	性能、可扩展性、可靠性（负面）
相关的面向服务原则	n/a
相关 SOA 模式	状态消息

统一契约（Uniform Contract）	
短定义	服务消费者和服务共享一个共同的、总体的通用技术契约
长定义	消费者通过各种方法、媒体类型和围绕消费者和服务的标准化公共资源标识符语法访问服务能力。服务能力可以访问能够进一步提供其他资源链接的资源
应用	• 为消费者和服务共同创建了具有通用、可重复使用的方法、媒体类型和资源标识符语法的统一契约 • 消费者消息处理逻辑被设计为与统一契约紧密耦合 • 消费者消息处理逻辑被设计为解耦或松耦合到特定服务的能力和资源 • 资源可以进一步提供链接到服务消费者可以在运行时动态地"发现"、选择性地访问的其他资源
影响	• 这种约束的应用导致应用范围内所有服务技术接口特性的基准线的标准化。这种标准化水平可以促进所有受影响服务之间的互操作性 • 统一契约产生的标准化可以包括与媒体类型相关联的规范模式。这种模式的普遍使用可以进一步提高内在互操作性 • 通过限制统一契约的耦合度并利用动态绑定，消费者和服务可以降低整体耦合需求水平 • 要识别并完全依赖内置统一契约语义来进行机器间交互是件很困难的事情，且对于多个服务及其消费者来说，需要机器间交互是可重用的 • 基于统一方法和媒体类型的请求和响应消息可能包含比对特定交互更严格要求的更多信息。冗余数据的传输可能会增加性能负担
与 REST 的关系	统一契约约束建立在 Client-Server 上，以支持消费者和服务的重用和组合
相关 REST 目标	简洁性、可修改性、性能（负面）、可见性
相关的面向服务原则	标准化服务契约、服务松耦合、服务抽象
相关 SOA 模式	解耦契约

分层系统（Layered System）	
短定义	解决方案可以由多个架构层组成
长定义	解决方案是根据架构层定义的，没有一层可以看到下一层。层可以由消费者和服务组成，具有公布契约或事件驱动的中间件组件（中间层），以在消费者和服务之间建立处理层。在任一情况下，给定解决方案层中的逻辑不能具备超出其上方或下方（在解决方案层次结构内）直接层之外的知识

（续）

分层系统（Layered System）	
应用	• 消费者被设计为调用服务，而不知道这些服务还可以调用哪些其他服务 • 添加中间层以执行运行时消息处理，而不知道如何在下一层处理之外进一步处理这些消息 • 解决方案架构旨在允许添加新的中间件层或删除旧的中间件层，而不会改变服务和消费者之间的技术契约 • 请求和响应消息不得显示消息来自收件人的层次信息
影响	• 在消费者/服务级别，此约束确保信息隐藏的程度，这自然地降低了消费者与服务的耦合 • 在中间件组件级别，该约束主张使用交叉代理，交叉代理能够对消费者和服务交换的消息执行通用的、以功能为中心的功能 • 这些类型的架构层可以提供解决方案架构和/或其基础架构的灵活方式，同时最大程度地减少对解决方案逻辑本身的影响 • 执行解决方案逻辑处理的移动部件分离的增加和分配可能会对整体性能成本造成负面影响（特别是当中间件组件被多个解决方案重用时） • 将整个解决方案架构的知识局限在消费者设计师身上，可能会失去优化解决方案运行时性能的机会
与 REST 的关系	通常应用此约束引入的中间件组件可以直接支持或启用统一契约、缓存和无状态
相关 REST 目标	可修改性、可扩展性、性能（负面）、简洁性、可见性
相关的面向服务原则	服务松耦合、服务抽象
相关 SOA 模式	能力组合、服务代理

按需代码（Code-on-Demand）	
短定义	服务消费者支持延迟服务逻辑的执行
长定义	服务消费者架构包括服务提供的逻辑执行环境。这种延迟逻辑可以用于扩展消费者的功能，或者为了特定目的临时适应特殊情况
应用	• 服务消费者被设计为能够处理运行时由服务加载的逻辑 • 服务能够作出明确的决定，决定它们是否执行逻辑本身或将该逻辑的执行推迟到消费者身上
影响	• 功能可以动态添加到消费者，而无需正式升级 • 服务能够通过将逻辑推迟到消费者而非自己执行逻辑来避免成为执行瓶颈 • 消费者处理服务逻辑所需的执行环境可能会产生安全漏洞
与 REST 的关系	n/a
相关 REST 目标	可修改性、可扩展性、性能、可见性（负面）、简洁性（负面）
相关的面向服务原则	n/a
相关 SOA 模式	n/a

附录 C　SOA 设计模式参考

本附录提供了本书所引用模式的简述表。如第 1 章所述，每个模式引用都附有本附录中相应简述表的页码。

什么是设计模式？

描述模式最简单的方法是，它提供了一个经过验证的解决方案，用于以一致的格式单独记录的常见问题，通常是较大集合的一部分。

模式概念已经是日常生活的基本部分。无需多言，我们自然会使用成熟的解决方案来解决日常的普遍问题。围绕自动化系统设计 IT 世界中的模式被称为设计模式。

设计模式是有益的，因为它们：

- 代表常规设计问题的现场测试解决方案。
- 将设计智能组织成标准化、易于"参考"的格式。
- 大多数涉及设计的 IT 专业人员通常都可以重复。
- 可用于确保系统如何设计和构建的一致性。
- 可以成为设计标准的基础。
- 通常是灵活、可选的（并公开记录其应用的影响，甚至建议替代方法）。
- 可以通过记录系统设计的具体方面（无论是否应用）来用作教育辅助工具。
- 有时可以在系统实现之前、之后应用。
- 可以通过应用作为同一集合一部分的其他设计模式来支持。
- 丰富了给定 IT 领域的词汇量，因为每个模式都有一个有意义的名称。

此外，由于设计模式提供的解决方案得到证实，因此其一致的应用程序往往会自然地提高系统设计的质量。

让我们来看一个解决用户界面设计问题的设计模式简单（非 SOA 相关）示例：

问题：用户如何将表单域的值限定为输入一组预定义值？

解决方案：使用填充有预定义值的下拉列表作为输入字段。

这个例子还强调了给定模式提供的解决方案不一定代表该问题唯一合适的解决方案。事实上，可以有多种模式为同一问题提供替代解决方案。每个解决方案都有其自己的需求和后果，由实际的工作者决定最合适的模式。

在前面的例子中，针对所述问题的不同解决方案是使用列表框而不是下拉列表。这种替代方式将构成单独设计模式描述的基础。用户界面设计师可以研究和比较两种模式，以了解每种模式的优点和取舍。例如，下拉列表占用的空间比列表框少，但要求用户总是执行单独的操作来访问列表。由于列表框可以同时显示更多的字段行，所以用户可以更容易地定位所需的值。

注意

即使设计模式提供了经过验证的设计解决方案，它们的使用也不能保证设计问题始终按需解决。许多因素影响到使用设计模式的最终成功，包括实现环境的限制、从业者的能力和业务需求的不同等等。所有这些都代表了影响应用模式是否能够成功应用的各个方面。

什么是设计模式语言？

模式语言是一组作为构建块的相关模式，因为它们可以在一个或多个预定义或建议的模式序列中执行，其中每个后续模式均基于前者。模式语言的概念起源于构建架构，与使用模式序列一起使用的术语与可执行模式的顺序相关。

一些模式语言是开放式的，允许将模式组合成各种模式序列，而另一些模式语言则更加结构化，从而以建议的应用程序顺序呈现模式组。该顺序通常基于模式的粒度，因为在粗粒度模式之前首先应用更粗糙的模式，然后再构建或扩展由粗粒模式创建的基础。在这些类型的模式语言中，模式可以被组织成模式序列的方式仅限于它们如何在组内应用。

结构化模式语言是有益的，因为它们：

- 可以将现场测试设计模式组整理到提议的、现场测试应用程序序列中。
- 确保实现特定设计目标的一致性（因为通过验证顺序执行一系列相互依赖的模式，可以更容易地保证结果的质量）。
- 是有效的学习工具，可以深入了解如何以及为什么要应用特定方法或技术以及其应用的效果。
- 提供与模式应用相关的深度级别（因为它们记录各个模式以及应用程序的累积效应）。
- 是灵活的，最终模式应用程序顺序取决于从业者（并且因为整个语言中任何模式的应用均是可选的）。

书籍《The SOA Design Patterns》为 SOA 提供了开放式的主模式语言。不同相关模式的程度可能有所不同，但总体而言它们共享一个普遍目标，还可以探索无限的模式序列。

模式概要

每个简述表包含以下部分：

- **需求**——需求是一个简洁的单句语句，以问题的形式提出了模式所解决的基本要求。每个模式描述都从这个语句开始。
- **图标**——每个模式描述都附有一个图标图像，作为视觉标识符。这些图标与每个模式配置文件中的需求语句一起显示。
- **问题**——引起问题的发布和问题的影响。这是一个问题，预计该模式将提供一个解决方案。
- **解决方案**——这代表解决问题并满足需求的模式提议的设计方案。
- **应用**——本部分专门介绍如何应用模式。它可以包括准则、实现细节，有时甚至是建议过程。
- **影响**——本部分突出了与应用模式相关联的常见后果、成本和需求，并可能提供可考虑的替代方案。
- **原则**——对相关的面向服务原则的引用。
- **架构**——对相关 SOA 架构类型的引用。

请注意，这些简述表仅提供了模式的汇总版本。书籍《SOA Design Patterns》中完整覆盖了 SOA 设计模式，包括案例研究。

要获取"Prentice Hall Service Technology Series from Thomas Erl"系列书籍中关于上述和其他标题的信息，请访问 www.servicetechbooks.com。所有 SOA 模式配置文件的总结版本可以在 www.soapatterns.org 上找到。

不可知能力（Agnostic Capability）
Thomas Erl
如何实现多用途服务逻辑的有效消费和有效组合？

问题	从具体问题得出的服务能力对于多个服务消费者来说可能不是有用的，从而减少了不可知服务的可重用性潜力
解决方案	不可知服务逻辑被划分为一组明确定义的能力，可解决不特定于任何一种问题的常见关注点。 通过后续分析，不可知上下文能力得到进一步完善
应用程序	通过成熟的分析和建模过程定义和迭代地改进服务能力
影响	每个服务能力的定义需要额外的前期分析和设计工作
原则	标准化服务契约、服务可重用性、服务可组合性
架构	服务

不可知上下文（Agnostic Context）
Thomas Erl
如何将多用途服务逻辑定位为有效的企业资源？

问题	与单用途逻辑分组的多用途逻辑导致程序中引入的重用潜力很小甚至没有使得给企业带来浪费和冗余

（续）

不可知上下文（Agnostic Context）
Thomas Erl

如何将多用途服务逻辑定位为有效的企业资源？

解决方案	将针对单一目的的逻辑分为单独的、具有不同不可知上下文的服务
应用程序	通过执行面向服务分析和服务建模过程来定义不可知服务上下文
影响	这种模式将可重用的解决方案逻辑定位在企业层面，潜在增加了设计复杂性和企业治理问题
原则	服务可重用性
架构	服务

原子服务交易 (Atomic Service Transaction)
Thomas Erl

如何在基于消息的服务中推广具有回滚能力的交易？

问题	当跨多个服务的运行时活动失败时，父业务任务不完整，执行的操作和此处所做的更改可能会危及底层解决方案和架构的完整性
解决方案	运行时服务活动可以包含在具有回滚功能的事务中，若父业务任务无法成功完成，则可以重置所有操作和更改
应用程序	交易管理系统是目录架构的一部分，然后由需要回滚功能的服务组合使用
影响	由于每个服务需要保留其原始状态，所以交易服务活动可能会消耗更多的内存，直到通知回滚或提交更改为止
原则	服务无状态
架构	目录、组合

规范表达 (Canonical Expression)
Thomas Erl

如何将多用途服务逻辑定位为有效的企业资源？

问题	服务契约可能会以不同的方式表达相似的能力，带来不一致和误解的风险
解决方案	使用命名规范来标准化服务契约
应用程序	作为正式分析和设计流程的一部分，命名规范应用于服务契约
影响	使用全局命名规范引入了需要一致使用和实现的企业级标准
原则	标准化服务契约、服务可发现性
架构	企业、目录、服务

规范模式 (Canonical Schema)
Thomas Erl

如何设计服务以避免数据模型转换？

问题	具有相同数据而不同模型的服务增加了转换需求，从而增加了在开发上所花费的功夫、设计复杂性和运行时性能开销
解决方案	普通信息集的数据模型在目录边界内的服务契约中是标准化的
应用程序	作为正式设计过程的一部分，设计标准适用于服务契约使用的模式
影响	维护契约模式的标准化可能引入重大的治理工作和文化挑战
原则	标准化服务契约
架构	目录、服务

规范版本 (Canonical versioning)

Thomas Erl

同一服务目录中的服务契约如何以最小的影响进行版本化？

问题	同一服务目录不同版本中的服务契约将产生许多互操作性和治理问题
解决方案	服务契约版本控制规则和版本信息的表达在服务目录边界内得到标准化
应用程序	需要管理和设计标准，以确保目录边界内服务契约的一致版本控制
影响	创建和执行所需的版本控制标准引入了新的治理需求
原则	标准化服务契约
架构	服务、目录

能力组合 (Capability Composition)

Thomas Erl

服务能力如何解决服务边界之外的逻辑问题？

问题	一个能力在不增加其服务功能上下文之外逻辑的情况下可能无法满足其处理需求，从而危及服务上下文的完整性并产生服务非规范化风险
解决方案	当需要访问在服务边界之外的逻辑时，服务内的能力逻辑被设计为在其他服务中组合一个或多个能力
应用程序	由能力封装的功能包括可以从其他服务调用其他能力的逻辑
影响	执行的组合逻辑需要外部调用，这增加了性能开销并降低了服务自治性
原则	所有
架构	目录、组合、服务

能力再组合 (Capability Recomposition)

Thomas Erl

如何使用相同的能力来解决多个问题？

问题	使用不可知服务逻辑来解决单一问题有点浪费，这样无法利用逻辑重用潜力
解决方案	不可知服务能力可以被设计为反复调用，以支持解决多个问题的多个组合
应用程序	有效的重新组合需要成功协调和重复应用几个额外的模式
影响	重复的服务组合要求现有和持续的标准化和治理
原则	所有
架构	目录、组合、服务

补偿服务交易 (Compensating Service Transaction)

Clemens Utschig-Utschig, Berthold Maier, Bernd Trops, Hajo Normann,
Torsten Winterberg, Brian Loesgen, Mark Little

组合运行时异常如何得到一致调整而无需锁定资源的服务？

问题	鉴于，不受控制的运行时异常可能危及服务组合，将组合包装在原子交易中可能会占用太多资源，从而对性能和可扩展性产生负面影响
解决方案	补偿例程的引入使得运行时异常在资源锁定减少和内存消耗的过程中得以解决
应用程序	补偿逻辑作为父组合控制器逻辑的一部分或通过单独的"撤销"服务能力被预先定义并实现
影响	与受特定规则管理的原子交易不同，补偿逻辑的使用是开放式的，其实际效果可能会有所不同
原则	服务松耦合
架构	目录、组合

组合自治 (Composition Autonomy)
Thomas Erl
如何实现组合来最小化自治的丧失

问题	组合控制器服务在将处理任务委派给组合服务时自然会失去自治，其中一些组合服务可以跨多个组合共享
解决方案	所有组合参与者可以被分离，从而将组合自治作为一个整体最大化
应用程序	一个组合的不可知成员服务与任务服务一起在孤立的环境中冗余实现
影响	组合层面上自治的增加导致了基础设施成本和治理责任的增加
原则	服务自治、服务可重用性、组合性
架构	组合

并行契约（Concurrent Contracts）
Thomas Erl
服务如何同时解决多个消费者的耦合需求和抽象关注点？

问题	服务契约可能不适合或适用于所有潜在的服务消费者
解决方案	可以为针对特定消费者类型的单个服务创建多个契约
应用程序	这种模式理想地与服务外观一起应用，以根据需要支持新的契约
影响	每个新契约都能够有效地添加一个新服务端点到一个目录，因此增加了相应的治理负担
原则	标准化服务契约、服务松耦合、服务可重用性
架构	服务

容器化（Containerization）
Roger Stoffers
如何为具有高性能恢复和可扩展性需求的服务提供具有最大支持的环境？

问题	部署在裸机或虚拟服务器上的服务可能会施加大量的占用空间 虚拟化提高了可移植性，但引入了能够进一步增加占用空间的中间处理层。当任何一个服务或解决方案组件遭受中断或运行时异常时，单体解决方案部署均可能造成性能和可用性的普遍降低
解决方案	服务独立部署或与能组合的服务一起部署，作为打包入独立管理和自治容器图像中的自治单元进行部署，每个容器图像都包含服务的底层系统依赖关系。提供工具来管理容器的建造、部署和运行
应用程序	容器管理系统或容器引擎用于容器的部署和操作
影响	容器化技术的利用可能会增加额外的基础设施需求，以及相应的服务架构管理成本
原则	服务自治、服务松耦合
架构	组合、服务

内容协商（Content Negotiation）
Raj Balasubramanian, David Booth, Thomas Erl
服务能力如何适应具有不同数据格式或表达需求的服务消费者？

问题	不同的服务消费者对于如何格式化或表达给定服务能力提供的数据可能会有不同的要求
解决方案	服务能力通过提供一种方法让消费者和服务可以在运行时"协商"数据特征来支持替代格式和表达方法

（续）

内容协商（Content Negotiation）
Raj Balasubramanian, David Booth, Thomas Erl
服务能力如何适应具有不同数据格式或表达需求的服务消费者？

应用程序	这种模式最普遍的应用是通过 HTTP 媒体类型实现的，HTTP 媒体类型可以定义消息数据的格式和 / 或表达。 数据的媒体类型与数据本身分离，允许服务支持一系列媒体类型。 消费者在每个请求消息中提供元数据以识别优选和支持的媒体类型。服务尝试适应首选项，但也可以在发出响应消息时返回其他支持的媒体类型数据。
影响	所要求的适应服务消费者需求变化的服务能力会更少。服务能够使用相同的服务能力同时支持旧的和新的服务消费者版本。 实现缓存的复杂性增加，并且要求缓存元数据指示输入到每个请求的元数据可能会影响所返回的表达。 请求不够抽象的元数据能够将消费者引入服务实现耦合
原则	标准化服务契约、服务松耦合
架构	组合、服务

契约非规范化 (Contract Denormalization)
Thomas Erl
服务契约如何实现具备不同数据交换需求的消费者应用程序？

问题	严格规范契约的服务可能会对一些消费者程序产生不必要的功能和性能要求
解决方案	服务契约能够包括可衡量的非规范化程度，这样多种能力就可以以不同方式对不同类型的消费者程序冗余地表达核心功能
应用程序	通过附加能力谨慎扩展服务契约，即能够提供主要能力功能变体的附加能力
影响	在同一契约上过渡使用这种模式可能会大大增加其规模且难以阐释和自治
原则	标准化服务契约、服务松耦合
架构	服务

跨域公共服务层（Cross-Domain Utility Layer）
Thomas Erl
跨域服务目录如何避免冗余公共逻辑？

问题	独立业务治理可能需要域服务目录，域服务目录可以在公共服务层施加不必要的冗余
解决方案	可以创建一个通用的公共服务层，跨越两个或多个域服务目录
应用程序	需要与服务目录所有者协调定义和标准化一套公共服务
影响	需要更多的努力来协调和管理跨目录公共服务层
原则	服务可重用性、服务可组合性
架构	企业、目录

解耦契约（Decoupled Contract）
Thomas Erl
服务如何表达其能力而不依赖其实现？

问题	为了将服务定位为有效的企业资源，它必须配备独立于其实现而仍然与其他服务保持一致的技术契约

（续）

解耦契约（Decoupled Contract）

Thomas Erl

服务如何表达其能力而不依赖其实现？

解决方案	物理上来讲，服务契约与其实现是解耦的
应用程序	物理上来讲，服务技术界面是分离的，并受制于相关面向服务设计原则
影响	服务功能仅限于解耦契约媒介功能集
原则	标准化服务契约、服务松耦合
架构	服务

域目录（Domain Inventory）

Thomas Erl

若不可能实现企业范围内的标准化，那么服务如何最大化再组合？

问题	建立单一的企业服务目录可能对某些企业来说是无法管理的，而尝试这样做可能会危及整个 SOA 化的成功
解决方案	服务可以分组为可管理的、特定于域的服务目录，每个服务目录都可以独立标准化、管理并拥有
应用程序	目录域边界需要谨慎创建
影响	域服务目录之间的标准化差异强加了转型需求，降低了 SOA 化的整体效益潜力
原则	标准化服务契约、服务抽象、服务可组合性
架构	企业、目录

双协议（Dual Protocols）

Thomas Erl

服务目录在保持标准化的同时如何克服其规范协议的局限性？

问题	规范协议要求所有服务符合相同通信技术的使用，然而，单个协议可能无法适应所有服务需求，从而带来了限制
解决方案	服务目录架构旨在支持基于主协议和辅助协议的服务
应用程序	创建主服务级别和辅助服务级别，并统一表达服务端点层。所有服务都遵循标准的面向服务设计因素和特定的指导方针，以最小化不遵循规范协议带来的的影响
影响	这种模式可能导致复杂的目录架构、增加治理工作和费用以及对协议桥接的不良依赖（当应用不佳时）。由于端点层是半联合的，潜在消费者的数量和重用机会减少了
原则	标准化服务契约、服务松耦合、服务抽象、服务自治、服务可组合性
架构	目录、服务

企业目录 (Enterprise Inveutory)

Thomas Erl

如何最大限度地再组合服务交付？

问题	跨企业的不同项目团队独立提供服务，这样会产生不一致的服务和架构实施风险，从而影响重组机会
解决方案	可以设计多个解决方案的服务用于在标准化的企业级目录架构中进行交付，其中可以自由、重复地重新组合
应用程序	理想情况下，提前建模企业服务目录，企业范围的标准适用于不同项目组提供的服务
影响	需要进行大量的前期分析，以定义企业目录蓝图和后续治理需求产生的许多组织影响
原则	标准化服务契约、服务抽象、服务可组合性
架构	企业、目录

实体抽象（Entity Abstraction）
Thomas Erl

如何分离、重用并独立管理不可知业务逻辑？

问题	将流程不可知和流程特定的业务逻辑捆绑到同一个服务中最终导致跨多个服务的冗余不可知业务逻辑的产生
解决方案	可以创建一个不可知业务服务层，用于将其功能上下文基于现有业务实体的服务
应用程序	实体服务上下文来自业务实体模型，然后创建一个在分析阶段建模的逻辑层
影响	这种模式引入的服务核心的、以业务为中心的性质需要额外的建模和设计因素，它们的治理需求会带来巨大的组织变革
原则	服务松耦合、服务抽象、服务可重用性、服务可组合性
架构	目录、组合、服务

实体链接（Entity Linking）
Raj Balasubramanian, David Booth, 托马斯·埃尔

服务如何公开业务实体之间的固有关系，以支持松耦合的组合？

问题	业务实体具有自然关系，但实体服务通常是自主设计的，没有指示这些关系。作为组合控制器的服务消费者通常需要具有硬编码的实体链接逻辑，以便与实体关系配合工作。这将组合控制器限制为可能具有相关性的任何附加链接，并进一步增加了治理负担，以确保硬编码实体链接逻辑与业务保持同步
解决方案	作为消费者与服务交互的一部分，服务通知其消费者有关实体的存在
应用程序	链接包含在服务的相关响应消息中。服务消费者能够通过跟踪这些链接从实体导航到实体，并进一步积累业务知识。这样，具有很少前期实体链接逻辑的服务消费者就可以根据其关系正确地组合实体服务
影响	代表业务实体的资源标识符在其识别的业务实体寿命期间需要保持相对稳定。一旦知道了一个标识符，将来可以再次被同一个服务消费者引用。 链接很难定义企业实体的标识符是否特定于拥有它们的服务。轻量级端点的应用可以帮助实现链接标识符的统一语法。 如果服务消费者无法访问关于链接实体的信息，此链接毫无价值。因此，可重用契约 [355] 的进一步应用可以确保服务消费者与链接实体进行交互
原则	服务可重用性、服务抽象、服务可组合性
架构	目录、服务

事件驱动消息（Event-Driven Messaging）
Mark Little, Thomas Rischbeck, Arnaud Simon

如何自动通知服务消费者有关运行时服务事件信息？

问题	由服务封装的功能边界内发生的事件可能与服务消费者相关，但不采取低效的基于轮询的交互，消费者无法了解这些事件
解决方案	消费者将自己创建为服务的订阅者。该服务会按顺序自动发出相关事件通知给消费者和任何服务订阅者
应用程序	实现消息传递框架能够支持发布、订阅 MEP 并与复杂事件处理和跟踪相关联
影响	事件驱动消息变换无法轻易地被纳入并作为原子服务交易 [324] 的一部分，并且可能会出现发布者 / 订阅者可用性问题

（续）

事件驱动消息（Event-Driven Messaging）

Mark Little, Thomas Rischbeck, Arnaud Simon

如何自动通知服务消费者有关运行时服务事件信息？

原则	标准化服务契约、服务松耦合、服务自治
架构	目录、组合

功能分解（Functional Decomposition）

Thomas Erl

如何解决庞大的业务问题而无需构建独立的解决方案逻辑体？

问题	为了解决一个庞大、复杂的业务问题，需要创建相应数量的解决方案逻辑，这样会产生一个具有传统自治和可重用性限制的自包含应用程序
解决方案	庞大的业务问题可以分解成一组较小的相关问题，使所需的解决方案逻辑也可以分解成一组较小的相关解决方案逻辑单元
应用程序	根据大问题的性质，可以创建一个面向服务分析过程，将其解构为较小的问题
影响	多个较小程序的所有权可能会增加设计复杂性和治理挑战
原则	n/a
架构	服务

幂等能力（Idempotent Capability）

Cesare Pautasso, Herbjörn Wilhelmsen

服务能力如何安全地接收同一消息的多个副本来处理通信故障？

问题	网络和服务器硬件故障可能导致消息丢失，从而出现服务消费者未收到响应消息的情况。当服务能力无意中接收到相同请求消息的多个副本时，尝试重新发出请求消息可能会导致不可预测或不期望的行为
解决方案	设计服务能力与幂等逻辑，使它们能够安全地接收重复的消息交换
应用程序	幂等率保证服务能力的重复调用是安全的，不会产生负面影响。
影响	幂等能力通常局限于只读数据检索和查询。对于对服务状态进行变更的能力，它们的逻辑通常基于"设置""放置"或"删除"操作，具有不依赖于服务原始状态的后置条件 幂等能力的设计可以包括使用每个请求的唯一标识符，以便已经处理的重复请求（具有相同的标识符值）被服务能力丢弃或忽略，而非再次处理 使用唯一标识符来定义幂等能力需要服务可靠地记录会话状态，并防止服务器之间的硬件故障。这可能会损害服务的可扩展性，并且若在遭遇网络故障的不同站点上实现冗余服务，则可能会更加复杂
	并不是所有的服务能力都是幂等的。潜在的不安全能力包括那些需要执行"增量""反向"或"升级"转换功能的能力，其中后置执行条件取决于服务的原始状态
原则	标准化服务契约、服务无状态、服务可组合性
架构	目录、组合、服务

目录端点（Inventory Endpoint）

Thomas Erl

服务目录如何防止外部访问，同时仍向外部消费者提供服务能力？

问题	为特定目录交付的一组服务可能会提供对该目录以外的服务有用的能力。然而，出于安全和治理原因，将所有服务或所有服务能力公开给外部消费者可能是不可取的

（续）

目录端点（Inventory Endpoint）
Thomas Erl

服务目录如何防止外部访问，同时仍向外部消费者提供服务能力？

解决方案	将相关能力抽象为端点服务，作为专门针对外部消费者官方目录的入口点
应用程序	端点服务可以公开具有其底层服务相同能力的契约，但是增加了政策或其他特征以适应外部消费者交互需求
影响	端点服务可以增加基础服务的治理自由度，但通过将冗余服务逻辑和契约引入目录也增加了治理工作
原则	标准化服务契约、服务松耦合、服务抽象
架构	目录

传统包装（Legacy Wrapper）
Thomas Erl, Satadru Roy

使用非标准契约的包装服务如何能防止间接的消费者对实现的耦合？

问题	封装传统逻辑所需的包装服务通常被迫引入具有高技术耦合需求的非标准服务契约，这样导致了贯穿所有服务消费者程序中实现耦合的激增
解决方案	非标准包装服务可以用标准化服务契约替代或进一步包装，该服务契约提取、封装并可能从契约中消除遗留的技术细节
应用程序	需要开发定制服务契约和所需的服务逻辑来代表专有的传统接口
影响	额外服务的引入会增加一层处理和相关性能成本
原则	标准化服务契约、服务松耦合、服务抽象
架构	目录

逻辑集中化（Logic Centralization）
Thomas Erl

如何避免误用冗余服务逻辑？

问题	如果不可知服务未得到重复使用，冗余功能可以在其他服务中提供，这样会导致与目录非规范化、服务所有权和治理相关的问题
解决方案	访问可重用功能仅限于官方不可知服务
应用程序	不可知服务需要得到适当的设计和管理，并且必须通过企业标准来实现使用
影响	过去重用项目的组织问题可能会给应用这种模式带来障碍
原则	服务可重用性、服务可组合性
架构	目录、组合、服务

微服务部署（Microservice Deployment）
Paulo Merson

如何独立部署服务以避免单体部署所带来的限制？

问题	软件解决方案的服务和其他组件一起打包在一个单一的部署包中。部署作为解决方案一部分的新版本服务可能需要重新部署整个解决方案。此外，配置服务特定的可扩展性、可用性、持久性、监视和安全逻辑的灵活性较低
解决方案	每个服务被视为一个独立的产品，部署是一个独立的包，有助于服务自治
应用程序	服务被打包并部署在可以利用容器化技术的高度自治的环境中。服务的包装和部署通常是高度自动化的。服务通常被设计为可用于 HTTP/REST 并支持异步业务间通信

（续）

微服务部署（Microservice Deployment）
Paulo Merson

如何独立部署服务以避免单体部署所带来的限制?

影响	服务可以更加独立地开发和发展。可以量身定制服务部署，并可以以最少的停机时间发布新版本。内存占用可能需要增加，并且由于对网络通信需求的增加，还可能会增加性能成本
原则	服务自治、服务松耦合
架构	组合、服务

注意

"微服务"是一种行业术语，可用于符合微服务模式的服务，也可用于应用面向服务的服务（因此也是 SOA 环境的一部分）同样可以用于不属于 SOA 环境的服务。作为 SOA 模式目录的一部分，微服务部署模式仅用于作为 SOA 环境一部分的服务，最常见的是应用了微任务抽象模式的服务。

微任务抽象（Micro Task Abstraction）
Thomas Erl

如何分离并独立管理具备专业处理需求的非不可知逻辑?

问题	将非不可知逻辑与专业处理和部署需求以及不具有此类需求的非不可知逻辑进行分组可能会损害前者一贯满足其需求的能力
解决方案	具有专业处理和部署需求的非不可知逻辑的单个单元使用微服务模型分离，并被抽象为微服务层，其中有架构自由度来定制支持特殊服务处理和部署要求的环境
应用程序	一旦非不可知业务流程逻辑与不可知逻辑分离，则将对其进行审查，以确定具有适用于微服务层专业处理和部署需求的逻辑单元
影响	将微任务逻辑抽象为单独的服务层可能引入分析、设计和治理成本。微服务部署模式通常应用于微任务逻辑，以实现必要的服务部署环境。这可以引入不同的通信协议，并进一步要求可能施加新基础设施、管理和治理需求的专业实现技术
原则	服务抽象、服务自治、服务可组合、服务松耦合
架构	组合、目录、服务

非不可知上下文（Non-Agnostic Context）
Thomas Erl

单一用途的服务逻辑如何定位为有效的企业资源?

问题	非面向服务的非不可知逻辑能够抑制利用不可知服务的服务组合的有效性
解决方案	适用于服务封装的非不可知解决方案逻辑可以存在于作为服务目录官方成员的服务中
应用程序	单一用途功能服务上下文已定义
影响	虽然它们预计不会提供重复使用潜力，但非不可知服务仍然受到面向服务的严格要求
原则	标准化服务契约、服务可组合性
架构	服务

部分状态延迟（Partial State Deferral）
Thomas Erl

服务在保留状态的同时如何设计以优化资源消耗？

问题	服务能力也许需要存储并管理大量状态数据，这样增加了内存消耗同时减少了可扩展性
解决方案	尽管服务需要维持状态，但其状态数据子集可以暂时延迟
应用程序	各种状态管理延迟选项根据周围架构而存在
影响	部分状态管理延迟会增加设计复杂性并绑定一个服务到架构
原则	服务无状态
架构	目录、服务

流程抽象（Process Abstraction）
Thomas Erl

如何分离并独立管理非不可知流程逻辑？

问题	将以任务为中心的逻辑与任务无关的逻辑分组对任务特定逻辑的管理和不可知逻辑的重用产生了障碍
解决方案	创建一个专业的父业务流程服务层，以支持治理独立性和任务服务作为潜在企业资源的定位
应用程序	业务流程逻辑通常在定义公共服务和实体服务之后过滤掉，这样就可以定义构成该层的任务服务
影响	除了与创建任务服务相关联的建模和设计因素之外，抽象父业务流程逻辑建立了一种内在依赖，即通过其他服务组合来执行该逻辑
原则	服务松耦合、服务抽象、服务可组合性
架构	目录、组合、服务

冗余实现（Redundant Implementation）
Thomas Erl

如何提升服务的可靠性和可用性？

问题	正在积极重用的服务引入潜在的单点故障，如果出现意外的错误状况，可能会危及其参与的所有组合的可靠性
解决方案	可以通过冗余实现或故障转移支持部署可重用的服务
应用程序	具有冗余功能的基础设施能够冗余部署或支持相同的服务实现
影响	需要额外的治理工作来保持所有冗余实现的同步
原则	服务自治
架构	服务

可重用契约（Reusable Contract）
Raj Balasubramanian, Benjamin Carlyle, Thomas Erl, Cesare Pautasso

服务消费者如何组合服务而无需将其与特定服务契约耦合？

问题	要访问具有特定契约服务的服务能力，服务消费者必须设计为将其自身与服务契约相结合。服务契约变更时，服务消费者可能不再有效。要访问新版本的服务契约，或访问其他服务契约以构成其他服务，服务消费者必须经过额外的开发周期，从而花费时间、精力和费用
解决方案	限制与多个服务共享的通用、可重用的技术契约紧密耦合。技术契约仅提供通用的、高层次功能，且在服务逻辑变更时不太可能受到影响

（续）

可重用契约（Reusable Contract）
Raj Balasubramanian, Benjamin Carlyle, Thomas Erl, Cesare Pautasso
服务消费者如何组合服务而无需将其与特定服务契约耦合？

应用程序	可重用的服务契约可以提供抽象和不可知数据交换方法，这些方法都不涉及具体的业务功能。可重用契约中的方法通常集中在数据类型上，而不是数据的业务背景上 　可重用契约方法集由服务特定资源标识符和媒体类型进行补充，将通过可重用方法创建的上下文应用于个人服务能力 　HTTP 通过通用方法（例如 GET、PUT 和 DELETE）提供可重用契约，这样消费者程序就可以通过进一步提供资源标识符来访问基于 Web 的资源。资源标识符、HTTP 方法和媒体类型的组合可以包含一个服务特定的能力 　只要定义的操作足够通用，也可以使用集中式 WSDL 定义创建可重用的契约
影响	跨服务共享同一契约增加了正好获取到契约的重要性，不论最初还是超过契约期限。 　如果将具有新的、高层次功能需求的新服务引入服务目录，则可重用契约可能仍需要变更。 　可重用契约可能缺少足够的元数据来有效地发现服务。特定服务的元数据可能需要与可重用契约定义分开维护，以确保服务消费者能够选择与之进行交互的正确服务能力
原则	标准化服务契约、服务松耦合、服务抽象、服务可发现性、服务可组合性
架构	目录、组合、服务

模式集中化（Schema Centralization）
Thomas Erl
如何设计服务契约以避免冗余数据表达？

问题	不同的服务契约通常需要表达处理类似业务文档或数据集的能力，这样会产生难以管理的冗余模式内容
解决方案	物理上以服务契约分离部分而存在的选择模式在多个契约中共享
应用程序	需要进行前期分析，以建立独立于服务层但支持服务层的模式层
影响	共享模式的治理变得越来越重要，因为多个服务可以在相同模式定义上形成依赖关系
原则	标准化服务契约、服务松耦合
架构	目录、服务

服务代理（Service Agent）
Thomas Erl
如何分离并独立管理事件驱动逻辑？

问题	服务组合可能变得很大且效率低下，尤其是需要调用跨多个服务的粒度能力时
解决方案	事件驱动逻辑可以推迟到不需要显式调用的事件驱动程序，从而减少服务组合的大小和性能应变
应用程序	服务代理可以设计为自动响应预定义条件，而不通过已发布的契约进行调用
影响	当组合逻辑跨服务和事件驱动代理分布时，其复杂性也随之增加，并且对服务代理的依赖可以进一步将目录架构与专有供应商技术相结合
原则	服务松耦合、服务可重用性
架构	目录、组合

服务数据复制（Service Data Replication）

Thomas Erl

当服务需要访问共享数据源时，如何维护服务自治？

问题	服务逻辑可以孤立部署，以增加服务自治，但是当需要访问共享数据源时，服务将继续失去自治
解决方案	服务可以拥有自己的专用数据库，具有共享数据源的复制功能
应用程序	需要为服务提供一个额外的数据库，并且需要在该数据库和共享数据源之间启用一个或多个复制通道
影响	这种模式会带来额外的基础架构成本和需求，并且过多的复制通道可能难以管理
原则	服务自治
架构	目录、服务

服务封装（Service Encapsulation）

Thomas Erl

如何将解决方案逻辑作为可用的企业资源？

问题	设计用于单个应用程序环境的解决方案逻辑通常局限于与企业其他部分进行互操作或被其使用的潜力
解决方案	解决方案逻辑可以被服务封装，使得它定位为能够提供超出其最初交付边界功能的企业资源
应用程序	需要识别适合于服务封装的解决方案逻辑
影响	服务封装的解决方案逻辑需要额外设计并考虑治理因素
原则	n/a
架构	服务

服务外观（Service FaÇade）

Thomas Erl

服务如何适应其契约或实现变化，同时允许核心服务逻辑独立发展？

问题	核心业务逻辑与契约、实现资源的耦合可以抑制其发展并对服务消费者产生负面影响
解决方案	服务外观组件用于抽象具有负耦合潜力服务架构的一部分
应用程序	服务设计中并入独立的外观组件
影响	外观组件的添加带来了设计工作和性能成本
原则	标准化服务契约、服务松耦合
架构	服务

服务规范化（Service Normalization）

Thomas Erl

服务目录如何避免冗余服务逻辑？

问题	将服务作为服务目录的一部分提交时，存在一个持续风险，即可能会创建功能边界重叠的服务，这样服务就很难得到广泛重用
解决方案	服务目录设计重点需要放在服务边界一致性上
应用程序	功能服务边界被建模为正式分析流程的一部分并贯穿整个目录设计和治理
影响	确保服务边界并保持一致，引入额外的前期分析和持续的治理工作
原则	服务自治
架构	目录、服务

状态消息（State Messaging）
Anish Karmarkar

服务如何在参与状态交互时保持无状态？

问题	当需要服务来维持与消费者消息交换之间内存中的状态信息时，服务可扩展性被压缩，并且它们还可能成为周围基础设施的性能负担
解决方案	并非将状态数据保留在内存中，而是把它的存储临时委托给消息
应用程序	根据如何应用这种模式，服务和消费者可能需要设计为处理基于消息的状态数据
影响	这种模式可能不适用于所有形式的状态数据，并且如果消息丢失，则它们携带的任何状态信息也可能丢失
原则	标准化服务契约、服务无状态、服务可组合性
架构	组合、服务

状态存储（State Repository）
Thomas Erl

服务状态数据如何长期持续存在而无需消耗服务运行时资源？

问题	缓存大量状态数据以支持运行时服务组合中的活动可能会消耗太多的内存，特别是对于长时间运行的活动，因此降低了可扩展性
解决方案	可以将状态数据临时写入并随后从专用状态库中检索
应用程序	共享或专用存储库作为目录或服务架构的一部分可用
影响	增加所需的写入和读取功能会增加服务设计的复杂性，并会对性能产生负面影响
原则	服务无状态
架构	目录、服务

功能抽象 (Utility Abstraction)
Thomas Erl

如何分离、重用并独立管理常用的非业务中心逻辑？

问题	当非业务中心处理逻辑与业务特定逻辑打包在一起时，会导致不同服务通用公共功能的冗余实现
解决方案	创建专用于公共服务处理的服务层，为目录中的其他服务提供可重用的公共服务
应用程序	公共服务模型被并入分析和设计过程，以支持公共逻辑抽象，并进一步采取步骤来定义均衡的服务上下文
影响	当公共逻辑分布在多个服务中时，它可能增加组合的大小、复杂性和性能需求
原则	服务松耦合、服务抽象、服务可重用性、服务可组合性
架构	目录、组合、服务

验证抽象（Validation Abstraction）
Thomas Erl

如何将服务契约设计为更易于适应验证逻辑变更？

问题	当这些约束背后的规则发生变化时，包含详细验证约束的服务契约更容易成为无效契约
解决方案	粒度验证逻辑和规则可以从服务契约中抽象出来，从而减少约束粒度并增加契约潜在寿命
应用程序	抽象的验证逻辑和规则需要移动到底层服务逻辑、不同服务、服务代理或其他地方

（续）

验证抽象（Validation Abstraction）
Thomas Erl
如何将服务契约设计为更易于适应验证逻辑变更？

影响	这种模式有时可能分散验证逻辑，也可能使模式标准复杂化
原则	标准化服务契约、服务松耦合、服务抽象
架构	服务

版本识别（Version Identification）
David Orchard, Chris Riley
消费者如何获悉服务契约版本信息？

问题	当已发布的服务契约发生变化时，不知情的消费者将错过利用变更的机会，或者可能会由于变更而产生负面影响
解决方案	与兼容性和非兼容性变更相关的版本信息可以表达为服务契约的一部分，这样不仅仅达到了通信目的同时还兼顾了实现
应用程序	使用 Web 服务契约，版本号可以并入命名空间值和注释中
影响	这种模式要求的版本信息可能需要用消费者设计师提前理解的专有词汇表达
原则	标准化服务契约
架构	服务

附录 D　注释版 SOA 声明

SOA 声明是一个正式的声明，解释了 SOA 和面向服务的基础设计理念。由行业思想领袖组成的工作小组撰写，"SOA 声明"致力于解决面向服务的核心价值和优先事项。通过研究"SOA 声明"，我们可以获得有价值的观点并洞察面向服务设计范式。

本附录首先介绍了"SOA 声明"，然后将其分解并阐述其各自陈述的意义和含义。除了促进对面向服务的深入了解之外，对价值观和优先事项的探索有助于确定其与组织自身价值观、优先事项和目标的兼容性。

SOA 声明

以下是逐字式的 SOA 声明，最初在 www.soa-manifesto.org 发布。

面向服务是一个范式，用于框定你做什么。面向服务的架构（SOA）是一种通过应用面向服务而产生的架构。

我们一直应用面向服务来帮助企业根据不断变化的业务需求，持续提供可持续的业务价值、提高敏捷性和成本效益。

通过我们的工作，我们来按轻重缓急考虑：

- 商业价值高于技术战略。
- 战略目标高于项目特定的效益。
- 本征互操作性高于定制集成。
- 共享的服务高于特定目的的实现。
- 灵活性高于效率。
- 渐进的演化高于追求一开始就尽善尽美。

也就是说，虽然我们重视右侧的项，但我们更重视左侧的项。

指导原则

我们遵循以下原则：

- 尊重组织的社会和权力结构。
- 认识到 SOA 最终需要在许多层面上进行变革。
- SOA 采用的范围可以不同。保持努力可控，并在有意义的界限内。
- 产品和标准本身也不会给你 SOA，也不会为你提供面向服务范式。
- SOA 可以通过各种技术和标准来实现。

- 根据行业、事实和社区标准建立统一的企业标准和政策。
- 在外部追求一致性，同时允许内部的多样性。
- 通过与业务和技术利益相关者的协作来识别服务。
- 通过考虑当前和未来的使用范围将服务使用最大化。
- 验证服务是否满足业务需求和目标。
- 发展服务及其组织响应实际使用。
- 分离以不同速率变化的系统的不同方面。
- 减少隐式依赖性并发布所有外部依赖关系，以增强稳健性并减少变更带来的影响。
- 在每个抽象层次上，围绕一个内聚和可管理的功能单元组织每个服务。

探索 SOA 声明

继"SOA 声明"发表后，为下一代 SOA 我们特别创作了一个注释版（Next Generation SOA:A Concise Introduction to Service Technology & Service-Orientation）。该版本提前发布在 www.soa-manifesto.com 上，以便讨论行业内声明。本部分介绍了原本的"注释版 SOA 声明"内容，并进行了一些细微修订。

序言

面向服务是一个范式，用于框定你做什么。面向服务架构（SOA）是一种通过应用面向服务而产生的架构。

从一开始就明白，这是一个关于两个不同但密切相关的主题的声明：面向服务的架构模型和面向服务，通过架构定义的范式。这份声明的格式是在"敏捷声明"之后创建的，它将内容限于表达志向、价值和实现这些志向和价值的指导原则的简明陈述。这样的声明不是规范、参考模型，甚至白皮书，也没有提供实际定义的选择，我们决定添加这个序言，以澄清声明其他部分如何以及为什么引用这些术语。

我们一直在应用面向服务……

面向服务范式最好被视为一种方法或方式，该方法或方式可以实现由一组战略目标和益处进一步定义的特定目标状态。当我们应用面向服务时，我们形成软件程序和技术架构，以实现这一目标状态。这已成为技术架构是否是面向服务的度量。

……帮助组织持续提供可持续的业务价值，增加敏捷性和成本效益……

序言的这一延续强调了面向服务计算一些最突出和最常见的战略优势。了解这些好处有助于揭示上述目标状态，我们打算通过应用面向服务来实现。

业务层面的敏捷性与组织的响应能力相当。若一个组织应对业务变更的响应更容易、更有效，那么它在适应变革影响（并进一步利用变更可能带来的任何好处）的同时，就会更有效、成功率更高。

面向服务将服务定位为 IT 资产，预计随着时间的推移会提供重复价值，远远超过其交付所需的初始投资。成本效益主要与这一预期的投资回报率有关。在许多方面，成本效益的提高与敏捷性的提高紧密相关，如果有更多的机会重用现有服务，那么构建新解决方案所需的费用一般较少。

"可持续性"商业价值是指以面向服务为长期目标，创建具有本征灵活性服务的软件程序，将其不断组合成新的解决方案配置，并发展以适应不断变化的业务需求。

……符合不断变化的业务需求。

序言的后 11 个字是理解面向服务计算基本哲学的关键。面向服务的基础就是要持续不断地适应业务变化，这也被认为是一个基本的总体战略目标。

优先级

通过我们的工作，我们来按轻重缓急考虑：

即将发表的声明创建了一套核心价值观，其中每一项都根据事物具有的价值表达为一个优先次序。这个价值体系的目的是解决需要定期进行的艰难选择，以便实现面向服务计算的战略目标和优势。

商业价值高于技术战略

如前所述，适应业务变化是一个总体战略目标。因此，面向服务架构以及所有采纳了面向服务的软件程序、解决方案和生态系统的根本质量都是业务驱动的。这不是关于技术决定业务方向的问题，而是讲述技术利用的业务愿景。

这个优先事项在 IT 企业区域内会产生深刻的影响。它介绍了关于 IT 交付生命周期各个方面的变化，从我们如何计划和投资自动化解决方案到如何构建和管理它们。声明中的所有其他价值观和原则在某种程度上支持了这一价值的实现。

战略目标高于项目特定的效益

从历史上看，许多 IT 项目仅专注于构建专门为自动化实现当前业务流程需求而设计的应用程序。这满足了即时（战术）的需求，但随着更多这些单用途应用程序的交付，IT 企业充满了被称为应用"竖井"的逻辑和数据岛。随着新业务需求的出现，或者创建新竖井，或者创建竖井之间的整合渠道。随着业务变化的进一步发展，必须扩大整合渠道，甚至要创建更多的竖井，很快 IT 企业景观变得复杂化，愈加繁重、昂贵，并且发展缓慢。

针对这些问题出现了面向服务。这是一个范式，通过优先考虑实现长期战略业务目标，为项目特定的、基于竖井的和整合的应用程序开发提供了替代方案。以面向服务为倡导的目标状态没有传统的应用竖井。即使在采用面向服务的环境中存在传统资源和应用程序竖井，目标状态也可以在任何可行的范围内进行协调。

本征互操作性高于定制集成

共享数据的软件程序必须是可互操作的。如果软件程序设计不兼容，则可能无法进行互操作。要实现非兼容性软件程序之间的互操作性，我们需要将它们集成起来。因此，集成是实现不同软件程序之间互操作性所需的工作。

尽管集成往往是有必要的，但定制集成很昂贵并且耗时，还可能产生难以发展的脆弱架构。面向服务的目标之一是通过塑造软件程序（在给定域中）来最小化定制集成的需求，使其成为本地兼容的。这是一种称为本征互操作性的能力。面向服务范式所涵盖的设计原则是为了在多个层面创建本征互操作性。

作为一个特定领域软件程序的特征，本征互操作性是实现战略效益的关键，如提高成本效益和敏捷性。

超出特定目的实现范围来共享服务

当应用到有一定意义的程度时，面向服务的原则将软件程序塑造为可被合法称为服务的面向服务逻辑单元。

服务配备了能够直接描述先前目标状态的具体特征（例如那些能够实现本征互操作性的特征）。通过应用服务可重用性原则而特别开发的这些特性之一是多用途逻辑的封装，可以共享和重用以支持不同业务流程的自动化。

共享服务将自己创建为可以提供重复业务价值并减少新自动化解决方案费用和工作量的 IT 资产。虽然传统的单用途应用程序在解决战术业务需求方面具有价值，但共享服务的使用在实现面向服务计算战略目标（再次包括成本效益和敏捷性的提升）方面提供了更大的价值。

灵活性高于效率

这可能是最广泛的价值优先权声明，最好被视为指导理念，在提供和发展个性化服务和服务目录时，如何更好地优先考虑各种因素。

优化主要是指通过调整给定的应用程序设计或加快交付以满足即时需求来实现战略收益。对此没有什么不可取的，除了当没有优先考虑促进灵活性的问题时，它能够产生上述基于竖井的环境。

例如，灵活性特征超出了服务有效（并且本征地）共享数据的能力。为了对不断变化的业务需求做出真正的反应，服务还必须灵活地将它们结合在一起，并将其聚合成为复合解决方案。与传统的分布式应用程序不同，传统的分布式应用程序通常是相对静态的，尽管它们是组件化的，但是服务组合需要设计可以不断增大的固有灵活性水平。这意味着，当现有业务流程发生变化或新业务流程引入时，我们需要能够以最小（集成）的努力在组合架构中添加、删除和扩展服务。这就是为什么服务可组合性是关键的面向服务设计原则之一。

渐进的演化高于追求一开始就尽善尽美

涉及与面向服务相关的术语"敏捷性"时，有一个共同的困惑点。一些设计方法主张快速交付软件程序以获取即时利益。可以认为这是"战略敏捷性"，因为重点在于战略上的短期效益。面向服务倡导在组织或业务层面实现敏捷性，旨在赋予整个组织作为一个整体能够对变革作出反应。这种组织敏捷性的形式也可以称为"战略敏捷性"，因为其主要强调软件寿命，我们提供的每个软件程序都要努力实现具有长期战略价值的灵活性目标状态。

对于一个具有组织敏捷性的 IT 企业来说，它必须与企业共同发展。通常，我们无法预测企业将如何随着时间的推移而发展，因此我们最初无法构建完善的服务。同时，在 SOA 项目的分析和建模阶段，通常在组织现有的商务智能中会存在一些丰富的知识，并且我们可以获取这些知识。

这些信息以及面向服务原则和已证实的方法可以帮助我们识别和定义一套服务，以捕捉业务如何存在和运行，同时充分灵活地适应业务随时间的变化。

也就是说，虽然我们重视右侧的项，但我们更重视左侧的项。

通过研究这些价值观的优先级，我们深入了解了面向服务与其他设计方法和范式的不同。除了创建用来确定给定组织与面向服务兼容程度的基本标准之外，它还可以进一步帮助我们确定能够采取或应该采取的面向服务及其程度。

对核心价值的欣赏也可以帮助我们了解在某些环境中成功实现 SOA 项目的挑战。例如，这些优先次序中的几个可能与创建的信念和偏好相抵触。在这种情况下，需要权衡面向服务的好处与采纳面向服务需要花费的功夫及其带来的影响（不仅仅是技术上，还在于组织和 IT 文化上）。

下面提供的指导原则，用以帮助解决许多此类挑战。

指导原则

我们遵循以下原则：

到目前为止，该声明已经形成了一个总体愿景以及与愿景相关的一套核心价值观。声明的其余部分包括一套为坚持价值观、实现愿景而提供的指导原则。

重要的是要记住，这些是专门支持这一声明的指导原则。它们不应与构成面向服务的设计原则混淆。

尊重组织的社会和权力结构。

最常见的 SOA 陷阱之一是正在实现以技术为中心的举措。这样做几乎总会导致失败，因为我们根本没有为不可避免的组织影响做好准备。

采用面向服务是改变我们的业务自动化方式。然而，无论我们为实现这一转型工作采取什么样的计划，我们必须始终从对组织、组织结构、目标和文化的理解和欣赏开始。

采用面向服务是一种非常人性化的体验。它需要权威人士的支持，并要求 IT 文化采纳以战略、社区为中心的理念。我们必须充分认识和规划这一层次的组织变革，以便获得实现面向服务目标状态所需的必要的长期承诺。

这些类型的考虑因素不仅有助于我们确定如何最好地开展 SOA 计划，它们还会进一步协助我们定义最适合的范围和采纳方法。

认识到 SOA 最终需要在许多层面上进行变革。

有句谚语说："成功是给有准备的人的。"从 SOA 项目中吸取的第一课就是我们必须充分理解并对采用面向服务带来的变化范围进行规划和准备。这里是一些示例。

面向服务改变了我们通过将软件程序定位为具有长期、可重复业务价值的 IT 资产从而构建自动化解决方案的方法。根据可能利用云基础设施的程度，可能需要大量的前期投资来创建由这些资产组成的环境。此外，需要持续的承诺来维持和利用其价值。所以，就在 IT 门户之外，我们需要如何投资、衡量并维护 IT 企业中的系统。

另外，由于面向服务引入了定位为企业资源的服务，我们将如何拥有系统的不同部分并调整其设计和使用情况都会发生一定变化，更不用说改变基础设施，以保证连续的可扩展性和可靠性。成熟的 SOA 治理系统和服务技术可以解决这些问题。

SOA 采用的范围可以不同。保持努力可控，并在有意义的界限内。

一个普遍观念是，为了实现面向服务计算的战略目标，企业必须采取面向服务的方式。这意味着在整个 IT 企业中创建并实现设计和行业标准，从而创建具有本征可互操作服务的企业服务目录。虽然这个理想没有任何问题，但对于许多组织，特别是那些拥有较大 IT 企业的组织来说，这个目标并不现实。

需要确定任何给定 SOA 采纳工作最合适的范围，作为与实际考虑因素相结合的规划和分析结果，例如上述对组织结构、权限领域和文化变革的影响。在规划阶段考虑平衡范围支撑点，有助于根据组织的成熟度和准备状态确定适当的初始采用范围。

这些因素有助于进一步确定可管理的采用范围。但是，对于任何采用所花费的功夫，均会产生将 IT 企业推向理想战略目标状态的环境，且范围必须是有意义的。换句话说，它必须是有意义的跨竖井，以便可以在预定义的边界内相互交付服务集合。换句话说，我们要创造"服务大陆"，而并非可怕的"服务岛"。

在同一 IT 企业领域内构建独立拥有和管理的服务目录这一概念是基于域目录设计模式的，该模式最初是作为 SOA 设计模式目录（www.soapatterns.org）的一部分发布的。这种方法减少了许多通常归因于"大爆炸"的 SOA 项目风险，并进一步减轻了组织和技术变化的影响（因为影响仅限于分段和管理范围）。它也是一种可以分阶段采用的方法，一次可以创建一个域服务目录。

产品和标准本身也不会给你 SOA，也不会为你提供面向服务的范式。

这个指导原则涉及两个分开但非常相关的观念。第一个是可以用现代技术产品购买 SOA，第二个是一个假设，即采用行业标准（如 XML、WSDL、SCA 等）自然会产生面向服务的技术架构。

供应商和行业标准社区已被认证为基于非专有框架和平台构建现代服务技术创新。从服务虚拟化到云计算和网格计算的一切都有助于提高构建复杂的面向服务解决方案的潜力。然而，这些技术都不是 SOA 专有的。你可以像在自己的私人服务器上一样轻松地在云上构建基于竖井的系统。

为了实现面向服务的技术架构，需要成功应用面向服务，因此不存在所谓的"盒子里的SOA"，反过来，我们所设计和构建的一切都是由业务的独特方向、愿景和业务需求来驱动。

SOA 可以通过各种技术和标准来实现。

面向服务是技术中立和供应商中立的范式。面向服务的架构是技术中立和供应商中立的架构模型。面向服务的计算可以视为分布式计算的一种特殊形式。因此，可以使用适用于分布式计算的任何技术和行业标准来构建面向服务的解决方案。

虽然一些技术（特别是那些基于行业标准的技术）可以增加应用一些面向服务设计原则的潜力，但实际上是实现业务需求的潜力，该潜力最终决定了最合适的技术和行业标准。SOA 设计模式，如双协议和并发契约，支持在同一服务目录中使用和标准化替代服务技术。

根据行业、事实和社区标准建立统一的企业标准和政策。

行业标准代表非专有技术规范，有助于创建一致的技术架构基线特征（如传输、接口、消息格式等）。但是，仅仅使用行业标准并不能保证服务的本征可互操作性。

要使两个软件程序完全兼容，需要遵守其他约定（如数据模型和策略）。这就是为什么 IT 企业必须创建和执行设计标准。未能适当标准化并调整特定领域内服务的标准化会导致实现许多战略利益所依赖的互操作性结构开始瓦解。

这一指导原则主张使用企业设计标准和设计原则，如标准化服务契约和服务松耦合。同时也提醒我们，只要可能、可行，定制设计标准应以业界和社会一直使用的标准和面向服务设计原则为基础。

在外部追求一致性，同时允许内部的多样性。

联合可以定义为一组不同实体的统一。虽然每个实体可以在内部独立管理，但都要遵守一个共同的统一战线。

面向服务架构的基本部分是联合端点层的引入，该端点层以统一的方式发布表达给定域内各个服务的一组端点，来抽象服务实现细节。实现这一点通常涉及基于行业和设计标准的组合实现统一。这种跨服务统一的一致性是实现内在互操作性的关键，因为它代表了标准化服务契约设计原则的主要目的和责任。

联合端点层还有助于增加探索供应商多样化选项的机会。例如，一个服务可能需要建立在与另一个完全不同的平台上。只要这些服务保持兼容的端点，其各自可以保持独立治理。这不仅突出表明服务可以通过不同的实现介质（如 EJB、.NET、SOAP、REST 等）构建，还强调可以根据需要一起使用不同的中间平台和技术。

请注意，这种类型的多样性与价格关系密切。这个原则本身并不主张多元化，只是建议我们在合理的情况下允许多元化，以便利用"最佳"技术和平台来最大程度地实现业务需求。

通过与业务和技术利益相关者的协作来识别服务。

为了使技术解决方案成为业务驱动，该技术必须与业务同步。因此，面向服务计算的另一个目标是通过应用面向服务来调整技术和业务。最初实现技术和业务对齐的阶段，即通常在实际服务开发和交付之前进行分析和建模的过程。

开展面向服务分析的关键因素是让业务和技术专家携手合作、识别和定义候选服务。例如，业务专家可以帮助准确地定义与以业务为中心的服务相关的功能上下文，而技术专家可以提供实际输入，以确保概念性服务的粒度和定义在最终实现环境中保持真实性。

通过考虑当前和未来的使用范围将服务使用最大化。

给定 SOA 项目的范围可能在企业范围内，或者可能局限于企业的域。无论范围大小，首先创建一个预定义边界以涵盖在开发之前需要进行概念建模的服务目录。通过对多个服务进行建模，我们基本上创建了最终将要构建的服务蓝图。尝试识别和定义可由不同解决方案共享的服务时，此练习至关重要。

有各种方法和途径可用于执行面向服务的分析阶段。然而，所有这些方法的共同点是要规范化服务的功能边界以避免冗余。即使这样，正常化的服务也不一定能够实现高可重用的服务。其他因素发挥作用，例如服务粒度、自治性、状态管理、可扩展性、可组合性以及服务逻辑足够通用的程度，这样服务才能够被有效地重用。

在业务和技术专长的指导下，这些类型的考虑因素提供了定义服务的机会，以捕捉当前的应用需求，同时拥有适应未来变化的灵活性。

验证服务是否满足业务需求和目标。

与任何事物一样，服务可能被误用。增加和管理服务文件时，需要验证和衡量其在满足业务需求方面的使用和有效性。现代工具提供了监控服务使用的各种手段，但也需要考虑无形资产，以确保服务不仅仅是因为可用而是被使用，而要验证它们是真正能够满足业务需求并满足期望的。

对于承担多个依赖关系的共享服务尤其如此。共享服务不仅需要足够的基础设施，以保证所有重用解决方案的可扩展性和可靠性，还需要非常小心设计和扩展，以确保其功能上下文不会发生变化。

发展服务及其组织响应实际使用。

这一指导原则直接关系到"追求最初完善的进化精神"价值观，以及保持业务和技术一致的总体目标。

我们永远不会期望依赖猜测来完成以下事情：确定服务粒度、服务需要执行的功能范围，以及服务需要如何组织到组合中。根据我们能够初步执行的任何分析程度，给定的服务将被分配一个已定义的功能上下文，并且将包含一个或多个可能涉及一个或多个服务组合的功能能力。

随着现实世界业务需求和环境的变化，服务可能需要扩充、扩展、重构，甚至可能被更换。面向服务的设计原则在服务架构中构建了本地的灵活性，这样，服务，作为软件程序，就具有弹性并能够适应变化，并且能够根据现实世界的使用进行变更。

分离以不同速率变化的系统的不同方面。

变更可能会对现有使用产生重大影响，也会使单体和基于竖井的系统变得僵硬。这就是为什么通常更容易创建新的基于竖井的应用程序，而不是增加或扩展现有应用程序。

分离关注点理论背后的理由是，当大问题分解成一组较小的问题或疑虑时，可以更有效地解决更大的问题。在应用面向服务来分离关注点时，我们构建了相应的解决方案逻辑单元来解决单一的问题，从而允许我们聚合单位来解决更大的问题，除了给我们机会将它们按顺序聚合成不同的配置以解决其他问题。

除了促进服务可重用性之外，这种方法引入了许多抽象层次，可帮助屏蔽服务组合系统免受变革的影响。这种抽象形式可以在不同层面上存在。例如，如果需要替换由一个服务封装的传统资源，只要服务能够保留其原始端点和功能行为，就可以减轻该变化的影响。

另一个例子是不可知逻辑与非不可知逻辑的分离。前一种类型的逻辑具有很高的重用潜力，如果它是多用途并且不太可能改变的。另一方面，非不可知逻辑通常代表父业务流程逻辑的单一目的部分，这些逻辑通常更易变。将这些各自的逻辑类型分为不同的服务层，进一步引入了在保护服务时能够实现服务可重用性的抽象，并且利用它们的任何解决方案，避免变更带来的影响。

减少隐式依赖性并发布所有外部依赖关系，以增强稳健性并减少变更带来的影响。

这一指导原则体现了服务松耦合设计原则的目的。服务架构如何内构、服务如何关联消费它们（可以包括其他服务）的程序，这一切都归结于对服务架构一部分的单独移动部件的依赖。

抽象层通过将变化的影响定位到受控区域来帮助缓解进化变化。例如，在服务架构中，可以使用服务外观来抽象实现的部分，以便最小化实现依赖关系的范围。

另一方面，发布的技术服务契约需要揭露服务消费者必须形成的依赖关系，以便与服务进行交互。根据服务抽象原则，当变化确实发生时，减少可能影响技术契约的内部依赖关系会将这些更改对依赖服务消费者的影响扩散减至最小。

在每个抽象层次上，围绕一个内聚和可管理的功能单元组织每个服务。

每个服务需要一个定义明确的功能上下文，用于确定服务功能边界内属于和不属于该上下文的逻辑。确定这些功能服务边界的范围和粒度是服务交付生命周期中最重要的职责之一。

具有粗糙功能粒度的服务可能不太灵活、有效，特别是预期可重用的。另一方面，过度细粒度的服务可能会对基础设施大打折扣，因为这些服务组合需要由组成成员的增加量组成。

确定功能范围和粒度的正确平衡需要业务和技术专业知识的结合，并进一步要求理解给定边界内的服务如何相互关联。

本声明中描述的大部分指导原则有助于做出这一决定，将每项服务定位为能够将 IT 企业推向目标状态的 IT 资产，从而实现面向服务计算的战略优势。

然而最终，正是现实世界商业价值的实现才描述了从概念到交付、到重复使用，还描述了任何面向服务功能单元的演进路径。